族群记忆

南岭走廊瑶族服饰文化承续与发展

中国传统服饰文化系列·中国少数民族服饰卷

教育部人文社会科学研究青年基金『南岭走廊瑶族服饰图纹字符谱系整理与创新转化研究』（22YJC850015）研究成果

叶芳羽　著

中国纺织出版社有限公司

序一 PREFACE

　　瑶族服饰文化是中华民族文化宝库中的璀璨明珠。它承载着瑶族人民的传统文化、生活习俗和审美情趣，是瑶族人民在长期的生产生活实践中积累和创造的宝贵财富，是瑶族文化的活化石，被列入"国家级非物质文化遗产名录"。推进南岭走廊瑶族服饰的创新转化是我们义不容辞的责任，是贯彻落实"构建中华优秀传统文化传承体系，加强文化遗产保护，振兴传统工艺"的举措。党的二十大报告指出，推进文化自信自强，必须同中华优秀传统文化相结合。只有植根本国、本民族历史文化沃土，才能推动中华文化更好地走向世界。

　　中共中央办公厅、国务院办公厅下发的《关于实施中华优秀传统文化传承发展工程的意见》指出：文化是民族的血脉，是人民的精神家园。文化自信是更基本、更深层、更持久的力量。中华文化独一无二的理念、智慧、气度、神韵，增添了中国人民和中华民族内心深处的自信和自豪。国家全面实施中华优秀传统文化传承发展工程，是建设社会主义文化强国的重大战略任务。计划到2025年要全面复兴传统文化，要求中华优秀传统文化传承发展体系基本形成，要在研究阐发、教育普及、保护传承、创新发展、传播交流等方面协同推进并取得重要成果。中华文化由56个民族的特色文化组成，特别强调要"开展少数民族特色文化保护工作""实施非物质文化遗产传承发展工程，进一步完善非物质文化遗产保护制度""实施中华节庆礼仪服装服饰计划，设计制作展现中华民族独特文化魅力的系列服装服饰"，其指导思想是紧紧围绕实现中华民族伟大复兴的中国梦，坚持创造性转化、创新性发展，明确坚守中华文化立场、传承中华文化基因，不忘本来、吸收外来、面向未来。传承中华文化必须汲取中国智慧、弘扬中国精神、传播中国价值，不断增强中华优秀传统文化的生命力和影响力，创造中华文化新辉煌。

　　本书作者叶芳羽博士认真走访南岭走廊瑶族服饰原生地，收集整理了大量的瑶族服饰史料和素材，近年来在教育部人文社科项目和省级相关项目的支持下，系统地开展了南岭走廊瑶族服饰文化的研究，取得了丰硕的成果，并以专著的形式出版，既表达了她对瑶族服饰的厚爱和情怀，也是对瑶族服饰研究的贡献。

　　本书以濒临消失的南岭走廊瑶族传统服饰文化为主要研究对象，通过对其款式、形制、制作工艺、图纹形态特征等多方面的系统研究和谱系梳理，展示瑶族服饰文化的独特魅力和传承价值，抢救濒危文化遗产，推动瑶族服饰文化的创造性转化和创新性发展。具体而言，分为以下主要章节内容。

第一章概述南岭走廊瑶族服饰文化的孕育生境与流布范围，介绍了南岭走廊地理、历史和民族概况，以及瑶族服饰文化在南岭走廊的流布范围。这些内容为后续章节的研究提供了背景和基础。

第二章研究南岭走廊瑶族服饰的款式和形制，包括服饰种类及款式类型、瑶族服饰配饰等。这些内容为我们深入了解瑶族服饰的样式和特点提供了重要的参考。

第三章通过大量的图片和实物资料，展示了南岭走廊不同地区的瑶族服饰文化和特点，同时对瑶族服饰的装饰特点进行了深入的研究和分析。

第四章探讨南岭走廊瑶族服饰的传统手工技艺，包括瑶族服饰的材料工艺、面料工艺、制作工艺等方面。

第五章和第六章利用文化基因和文化谱系理论分别对南岭走廊瑶族服饰图纹形态特征和传承流变与传承谱系进行了深入的研究。

第七章和第八章提出了保护南岭走廊瑶族服饰技艺的有效策略和路径，为进一步推进瑶族服饰文化的保护、传承与开发提供了重要的理论和实践指导。

本书是一项具有较高学术价值的成果，作者通过对南岭走廊瑶族服饰文化的系统性整理和研究，揭示了瑶族服饰文化的独特魅力和文化价值，并对其在现代社会背景下的创造性转化、创新性发展的对策和路径进行了深入的探讨。

首先，本书的研究方法科学合理，研究内容丰富深入。作者采用了文献资料法、实地调查法等多种研究方法，不仅收集了大量的文献资料，还进行了深入的实地调查，获得了第一手的数据和资料。这些数据和资料为研究结果的客观性和准确性提供了重要的保障。本书还采用了跨学科的研究视角，将人类学、民族学、历史学、地理学和艺术学等多学科的理论和方法引入瑶族服饰文化的研究，进一步深化了人们对这一文化表现形式的认识和理解。

其次，本书针对南岭走廊瑶族服饰文化的保护和传承所提出的一系列对策和措施具有很强的创新性、针对性和指导性，不仅丰富了瑶族服饰文化研究的理论体系、方法体系，而且有助于指导瑶族服饰文化的保护、传承和创新，其研究过程和结果有很大的学术价值和文化价值。如书中引入文化基因理论和谱系理论对瑶族服饰文化图纹谱系和传承人谱系的梳理研究，就很有理论价值。书中提出的完善传承人保护与培养制度、提供多方位扶持以及坚定瑶族文化自信等一系列策略和建议，为进一步保护和传承瑶族服饰技艺提供了有价值的政策性思路和方法。

总之，本书通过深入挖掘和整理南岭走廊瑶族服饰的款式、形制、制作工艺、图纹形态特征及其谱系特点，发掘其深刻的文化内涵和传承价值，有助于增强人们对瑶族传统文化的认识和尊重，有助于进一步坚定中华民族的文化自信，也为我们提供了宝贵的学术资源和实践指导。

刘沛林

2023 年 9 月 25 日于长沙松雅斋

据《后汉书·南蛮西南夷列传》记载，古代瑶族先民"织绩木皮，染以草实，好五色衣服"。可见在汉代，瑶族先民便知道用植物作染料以增加服饰的美感。早在大学时代，作者对历史上有关瑶族服饰的历史记载就比较感兴趣。

也许是机缘巧合，也许是本科毕业设计选择了与瑶族服饰有关的内容，2012年初夏，作者来到了湖南雪峰山的东北麓，怀化市溆浦县与邵阳市隆回县两县交界之地，一个古老部族花瑶居住地——虎形山。这也是作者第一次接触瑶族服饰，花瑶服饰那种生动、自然、灵动、斑斓的色彩，特别是花瑶女性的挑花技艺异常精湛，使作者深感要想通过服饰观照瑶族历史、民俗、生存环境、服饰特点以及从服饰角度了解当时瑶族人民的生活方式和生存状况，不是那么容易的事情。

从第一次接触瑶族服饰，作者便有了将"瑶族服饰图纹字符图像谱系"置于历史文化学的视域中加以审视、观照的想法。以提炼其图纹字符图像文化内涵、探寻其禀赋价值为重要内容，构建其活态传承与创新转换路径，推进民族传统文化的传播与产业的发展。这不仅仅是作者的愿望，后来更成为作者的一种情怀。

2014年暑期，作者开启了南岭走廊瑶族服饰调查的征程，近十余年来足迹踏遍了湖南（江永、江华）、广西（龙胜、富川、金秀）、云南（勐腊、河口）、广东（乳源）。她参观了瑶族博物馆、坳瑶生态博物馆、花蓝瑶博物馆，实地感受大瑶山近百年来的变迁。特别是对广西龙胜、富川、金秀大瑶山的深入调查，使作者切实感受到瑶族服饰文化构成和文化形态，由此引发了瑶族服饰文化基因及服饰类型的比较研究。2016~2019四年间，作者着力于对南岭瑶族服饰图纹字符图像的搜集、整理、建构，根据每个支系在地理环境和民俗风情上的不同，以及服饰文化上的差异，对瑶族服饰艺术图谱（图、纹、字、符）进行了系统性梳理，从而在分类整理南岭瑶族服饰的艺术图谱、构建"艺术图谱"资源数据库、补充和完善南岭瑶族传统服饰资源性保护链系等方面取得了一定的成绩。

在这本书中，第一章对南岭走廊的地理、历史和民族情况进行了全面的概述，为我们理解瑶族服饰文化提供了重要的背景信息。在接下来的章节中，详细介绍了南岭走廊瑶族服饰文化的款式、形制，以及典型的瑶族服饰实物见证。我特别欣赏作者对瑶族服饰的装饰特点以及制作工艺的精彩描述，这些深入浅出的介绍使我们对瑶族服饰有了更深入的了解。

瑶族服饰的图纹形态特征是本书的又一亮点。这些独特的图纹，既具有深厚的文化内涵，又展现了丰富的语言形态特征。通过这些图纹，我们可以深入探究瑶族文化的独特魅力。

在探讨瑶族服饰文化传承的过程中，本书指出了其传承与流变的特点，并介绍了诸多传承人及传承谱系。这为我们理解瑶族服饰文化的历史与现状提供了宝贵的资料。

本书最后部分提出的瑶族服饰技艺保护策略与保护路径，具有很强的实践指导意义。从完善传承人保护与培养制度，到提供多方位扶持，再到坚定瑶族文化自信，坚持经济效益与社会效益相统一，作者提出了一系列对策和建议。

费孝通先生对少数民族的发展一直怀有深厚情感，民族平等、民族团结繁荣，是他民族研究的基本立场。面对全球化时代经济一体化、文化多元化的冲击，他及时提出"各美其美，美人之美，美美与共，天下大同"的观点。这给了作者很大启示，在偏远地区瑶族服饰的生存与发展问题上，她深刻感受到了瑶族服饰文化转型的重要性，只有创造性转化和创新性发展南岭瑶族服饰文化，形成活态发展态势，带动当地经济建设，才能重塑瑶族服饰的文化活力及文化竞争力。

总的来说，这本书是瑶族服饰文化的一部百科全书。它既是一份宝贵的民族文化遗产的记录，也是指导我们如何去保护和传承这份美的实用指南。我衷心希望读者们能够善加利用这本书，更深入地了解从而热爱瑶族服饰文化。我希望这本书能够引起更多人对瑶族服饰文化的关注和热爱，让这一独特的民族文化得以传承下去。

成雪敏

2023 年 10 月 3 日

第一章

南岭走廊瑶族服饰的生境与流布

第一节 南岭走廊地理、历史和民族概述

一、地理概述

南岭走廊是指我国秦岭淮河以南的南方地区，纬度位置位于北纬24°至26.5°，西起广西壮族自治区桂林市，东到江西省赣州市大余县，北面包括湖南省邵阳市南部地区、永州市大部分地区、郴州市南部地区，南面止于广西壮族自治区贺州市、广东省清远市北部和韶关市北部地区，东西总长1000多千米，南北宽约300千米，崇山峻岭之中也遍布着平缓的丘陵，是我国重要的自然地理分界线。在广阔的南岭走廊上，山脉连绵，著名的山岭和山脉有越城岭、大桂山、大庾岭、萌渚岭、骑田岭、海洋山、青云山、九连山、架桥岭、瑶山等，"潇湘水路几逶迤，五岭风光接九嶷""地冷秋浓夏已藏，天高云淡雁归翔"等都是诞生于南岭这一片沃土上的诗篇。

金秀瑶族自治县（图1-1）位于广西壮族自治区来宾市，有着桂中第二高峰、广西第五高峰等美誉的圣堂山也是金秀的自然资产，这里风景宜人，小巷街道中透露着淡雅悠闲的气息，有着"世界瑶都""中国天然氧吧""最大水源林区"等荣誉称号，也是众多人心中的避暑胜地，现已有70多年的历史。在大瑶山里，晚上睡觉是不用开空调，要盖凉被的，盘瑶、花蓝瑶等都是聚居在大瑶山的瑶族支系，其中，盘瑶、花蓝瑶最具代表性。八步区位于广西壮族自治区贺州市，那里一个山头盘踞着过山瑶的一户人家，东北部接壤连山壮族瑶族自治县，东南毗邻肇庆市怀集县，南面毗邻肇庆市封开县，西南面紧密连接苍梧县。隶属于步头镇的黄石村是贺州市非遗传承人李素芳的家乡。当有客

图1-1 来宾市金秀瑶族自治县景色

人来访时，这里的瑶族妇女会为其准备歌曲、舞蹈、山楂茶以示迎接，迎接仪式由四个身着瑶族服饰的瑶家女孩配合完成，两个瑶家女孩扯着挂有大红球的红布带横在进入过山瑶家的入口处，另外两个瑶家女孩则站在红布带的里侧，为到访过山瑶家的客人传递舞蹈和茶水，茶杯就放置在两个女孩左侧的石椅上，一位客人一杯茶。

二、历史概述

"南岭走廊"是在 20 世纪 80 年代，由我国著名的民族学家、人类学家、社会活动家费孝通先生提出的，他曾五上瑶山，发掘瑶家文明，开发历史中的瑶家文化。1935 年，费孝通先生和夫人经历许多颠簸和坎坷之后第一次上大瑶山，在这一待就是数月数年之久，在一次事故中，妻子为伤重的他寻求帮助而不幸去世，从此，大瑶山成了费孝通先生魂牵梦绕的乌托邦，他和妻子为这里的瑶家人民做出的贡献也被永久地铭记，许许多多瑶家人对其心怀感激，他的功勋也在这个瑶族小县城中代代相承、口口相传。如今，南岭走廊已经与西北民族走廊、藏彝走廊一起构成了我国的三大民族走廊，并被费孝通先生从民族学的新角度赋予了更丰富的内涵。

"南岭"二字由来已久，起源于硝烟四起的战国末年，秦汉时期被正式归为地名，在璀璨闪耀的中华文明中，南岭走廊一直扮演着重要交通枢纽的角色，著名的西京古道、梅关古道、潇贺古道、湘越古道等都是南岭走廊的重要组成成分。西京古道自秦汉伊始已有 2000 多年的历史，源起陕西西安，途经宁夏、甘肃、青海等多个省份，直达新疆，沿途景色优美，风光旖旎，一砖一石满是历史文明的气息；梅关古道是目前为止我国保存维护得最完整的古道，其名的"梅"字源于当地 12 月至 3 月初争相开放的梅花；潇贺古道是丰富的瑶族文明的重要孕育地之一，开辟于秦始皇开战、收服百越之时，广西富川、湖南江华和永州都是其途经城市。"南岭"最早的时候称为"岭南"，面临南海、钟灵毓秀，在它被称为"岭南"时，它所涵盖的地理范围并没有现在广阔，随着岭南、岭北在各个方面的交往交流交融，"南岭"逐渐诞生，后来出现了"南岭走廊"的说法，随之三大民族走廊之一的地位也慢慢确立。

南岭走廊的深厚底蕴，不仅仅来源于它的地大物博，依依的鸟鸣，壮丽的青山绿水，更体现在发生在它身上波澜壮阔、现已静默无声的峥嵘历史。南岭走廊政治史：公元前 219 年到公元前 214 年，秦始皇修建了沟通湘江水系和珠江水系的沟渠，将长江和珠江联系了起来，自此，岭南便不再是一个被孤立的部分，有了和中原接触交流的客观条件。今天，京广高铁自南岭横过，以最具现代化的方式和最快的速度，连接着我国的经济和政治中心，实现了天花板级别的交通跨越。

南岭文化史：南岭的文化史要比政治史早得多，其分散错综的地理位置、族群生活各自独立的空间优势为多种文化的交流融合提供了得天独厚的条件。南岭走廊是中华民族不可分割的国土，南岭文化更是浸润着浓厚的中华优秀传统文化血脉的区域文化。南岭文化的存在，丰富着中华民族的文化内涵，更彰显着中华民族文化的文化气魄。与"南岭"最初称"岭南"一样，南岭文化也经历了岭南文化—南岭文化的演变。岭南文化的雏形是旧石器时期的马坝文化、新石器时代的石峡文化和西樵山文化，以土著文化为基础，土著文化即土著居民口中的百越文化。同时，岭南文化也基于土著文化在中原文化中取其精华、去其糟粕，吸收了其中的优秀文化作为自己文化的组成成分，逐渐形成了潮汕文化、客家文化、广府文化三大文化体系。潮汕文化又称福佬文化，在秦始皇统一岭南地区前，潮汕的闽越族是少数几个与闽南民情相近、语言相似的少数民族之一。客家文化是最具中原色彩的文化。在闭关锁国、统治者愚昧落后的明清时期，广州是唯一对外开放的城市，也是对外联系最频繁的城市，因此，广府文化是为岭南文化的"新"做出了重要贡献的文化。经古今多位专家学者的调查考究，岭南文化—南岭文化大致经历了如下发展轨迹：秦汉至唐代开元年间，中原地区汉人大规模南迁给岭南地区带去新型文化的同时，也带去了更为先进的生产方式。唐朝开元年间，宰相张九龄扩建了大庾岭古道，岭南地区得到进一步开发。明清时期，岭南对外贸易发达，文化、商品品种不断增多。今天，南岭已经成为发展本民族文化、各少数民族文化交往交流交融、吸收外来优秀文化的沃土。

三、民族概述

拥有璀璨民族文化的南岭走廊是仫佬族、瑶族、壮族、畲族、布依族、侗族、土家族、水族等多个少数民族和汉族交错居住的地方，分析以上聚居在南岭走廊的民族可知，生活在南岭走廊的民族，呈现着多语支、多语族、从分散到整合的特点。壮族、布依族属于汉藏语系中壮侗语族的壮傣语支，侗族、水族、仫佬族、毛南族属侗水语支，瑶族、苗族、畲族属苗瑶语族。瑶族有盘瑶、过山瑶、茶山瑶、白裤瑶、平地瑶、花蓝瑶、坳瑶、山子瑶等多个支系，苗族支系有红苗、大花苗、小花苗、木梳苗、歪梳苗、青苗、六寨苗、素苗等，壮族有侬支、土支、沙支三大支系，还有布敏、布秧、拉基等支系。其中，侬支系中的壮民又自称布侬，内部又有仰侬、道侬、厅侬、督侬、锦侬等分支；土支系又自称布岱、布傣，外部又别称他们为土僚，内部分搭白土僚、平头土僚、花土僚、尖头土僚、头土僚、红土僚等分支；沙支系有布越、布雄、布俚、布依、布瑞等多个自称，他称是沙人，内部有白沙（位于富宁县、广南县）、黑沙（位于丘北县）等分支。生活在这里的民族在与其他民族交流交往的同时也保留了自己本民族的文化、经济和生活特色，促使南岭走廊这片沃土上的民族文化不断多元，民族特色更加浓厚，同时，中华民族共同体意识也不断增强，主要表现在以下几个方面。

在适应迁徙地的自然历史地理环境以及与其他民族的交流交往过程中，南岭走廊上的各民族不断分化，例如，瑶族依据语言分化出了苗语支、汉语方言支等四个语支，苗族有白苗、花苗、青苗、红苗、黑苗等，壮族分化出了布侬、布土、布壮等。这些分化的支系一方面丰富壮大了自己的主体族群力量，另一方面也使南岭走廊这个整体的民族文化更加丰富多彩、斑斓绚丽。

生活在南岭走廊上的各个少数民族都有独属于自己的风俗习惯和文化瑰宝。这里的传统节日多姿多彩，例如瑶族的干巴节、壮族的牛魂节、仫佬族的走坡节、苗族的赶秋节、姊妹节等。瑶族的盘王节是为纪念唯一的国王盘王而设立的，每逢盘王节，都有祭拜祖先的仪式，也有歌曲舞蹈，十分热闹。除此之外，这里的非物质文化遗产丰富绚丽，壮族的铜鼓、布洛陀，瑶族的长鼓、苗族的银饰以及皮纸制作技艺等。这里的民俗建筑多样，有风雨桥、干栏式建筑、围龙屋等。

南岭走廊上的民族和而不同，多元一体，在一年年的生活中，在一代代的传承中，在历史的发展中，呈现着从分散走向融合的趋势。尽管各个民族生活在南岭走廊这个整体不同的区域，例如，瑶族主要分布在湖南、广东、广西、云南、贵州、江西，苗族分布在湘西、云南东北部、桂林等地，但他们都和平相处，在开放中包容、接收并蓄着其他民族和民族文化，有的地方出现了两个或两个以上民族共同生活的盛况。总的来说，南岭走廊上的民族和其他地区的民族一样，民族与民族之间都像石榴籽一样紧紧团结在一起，隶属于中华民族这个大家庭。

第二节 南岭走廊瑶族服饰文化流布范围

南岭走廊瑶族服饰文化的流布与其迁徙路径密切相关。瑶族的迁徙路线主要涵盖六节路线。第一节路线：神犬盘瓠杀敌所向披靡，立下累累战功，获得当时首领的批准之后带领部分瑶族同胞迁徙到今天河南商丘为官定居，后又迁徙至河南省信阳市以及湖北省的江汉平原两个地区。第二节路线：瑶族的第二次迁徙发生在尧舜时期，当时经过第一次迁徙定居在江汉平原的瑶族支系瑶苗，在"丹水之战"中被尧舜打败，与共工、鲧、獾兜合称为"四罪"的"三苗"受到了严厉惩罚，瑶苗中的"重罪者"被贬谪迁徙到"三危"地区，即今天的甘肃天水。周朝、秦朝两个时期，瑶苗队伍成员的后裔，从甘肃天水出发经过陇南、重庆、四川等地后向贵州、湖北和湖南等地迁徙，散居在我国西南部，一部分还在唐宋时期融入"五溪蛮"。第三节路线："丹水之战"失败后，瑶族被予以贬谪处罚，瑶族的主体从甘肃武昌龙头山（又叫磨山）出发，沿江而下，居住在江苏南京、扬州，最后在虞舜的支持下又辗转至浙江省会稽山七贤洞，在那里建立了"盘瓠王国"。第四节路线：夏商周时期，留居在山东的瑶族，分批次从山东西南部往徐淮地区迁徙，抵达长江沿岸，秦汉时期又渡过洞庭湖在长沙武陵地区居住。第五节路线：居住在浙江、福建的一部分瑶族朝西迁徙，经江西入湖南，与"长沙、武陵蛮"融合。第六节路线：晋朝末年，居住在浙江的瑶族从会稽山出发，以"漂洋过海"的方式到达广东潮州和广州。

瑶族服饰文化的流布路线就是瑶族的迁徙路线，瑶族服饰文化的流布范围就是瑶族的迁徙范围，瑶族人民是瑶族服饰文化的创造者、传承者、创新者，也是传播者。如今瑶族的足迹已经扩散至世界各地，瑶胞人口总数已达到417.8万人。

南岭走廊上广西的龙胜各族自治县、金秀瑶族自治县、临桂区、全州县、恭城瑶族自治县、兴安县、富川瑶族自治县、八步区、田林县、右江区、融水苗族自治县、都安瑶族自治县、南丹县、那坡县、大化瑶族自治县、巴马瑶族自治县、防城港市防城区、凤山县，广东的连南瑶族自治县、乳源瑶族自治县、全南县，湖南的江永县、江华瑶族自治县、宜章县、隆回县，云南的富宁县、马关县、金平苗族瑶族傣族自治县、河口县、绿春县、勐腊县，贵州的荔波县、黎平县，以及辽宁的宁远县等广大地区都广泛分布着瑶族的常住居民，他们一代又一代地繁衍生息，发扬着本民族优秀的服饰文化，吸引了许许多多其他地区和民族的游客前来参观瑶族服饰，学习如何制作瑶族服装。

第二章

南岭走廊瑶族服饰的
款式和形制

第一节 服饰种类及款式类型

瑶族支系众多，由于不同的支系有不同的经济基础、生活环境并拥有独属于自己的风俗习惯和审美理念，瑶族的服装款式与形制呈现多种类、多样式的特点，不同的支系有不同的服装，同一支系不同的身体部位的服装不同，同一身体部位的服装样式又因支系的不同而不同，按照直接或间接作用于身体部位的区别，可分为正饰与配饰。

一、头服类

瑶族第一件头服产生的时期是远古时期，在那时，瑶族人民对头服知之甚少，头发总是披散着不做处理，但是在劳作中他们发现披散着头发会遮挡眼睛不利于劳作，于是随手拿起身边的树枝或者木棍插进头发，将头发盘起，第一件头服便由此诞生。广义上的头服包含了头发样式和头饰等所有和头部相关的饰物，本节所讲的瑶族头服，是指冠帽这些侧重于实用性并兼具装饰性的物品以及瑶族人民对于头发的整理。

（一）头服分类

一个少数民族服饰的头服部分，顾名思义，就是指其整体服饰中直接应用于头部侧重于实用性的部分（区别于头颈配饰）。瑶族的头服有帽式、帕式、发型三大式类。帽式依据帽子的整体形状，可细分为三角式（三角帽、尖头帽）、立方块式（长方体方块）、宝塔式（尖角宝塔、圆角宝塔）、平顶式、飞檐式、凤头式、花娥冠、大圆盘式，帕式可分为顶板帕、方形包头帕、梯形包头帕、人字帕、狗头帕、挑花头帕等，瑶族的发型有椎髻、盘髻、脑后髻、朝天髻、后枕髻、螺旋髻以及单双辫。

总的说来，依据所处人生阶段的不同，瑶族头服可分为儿童帽、女帽、男帽三大类。常见的儿童帽有茶山瑶男童帽、广东云南排瑶儿童帽、花蓝瑶女童帽等；常见的女帽有坳瑶女帽、广西八步区东山瑶女帽、云南勐腊县顶板瑶女帽、湖南江永过山瑶女帽等；男帽相较女帽而言，数量较少，比较典型的是土瑶男帽、青瑶男帽、金秀县六巷乡花蓝瑶男帽等（详情请见附表1~附表3）。

光头、椎髻、盘髻、朝天髻、螺旋髻、单双辫是瑶族女性最常用的处理头发的方式，其中，椎髻、盘髻、朝天髻、螺旋髻在古时的瑶族女性中比较常见，现大多数瑶族聚居区的女性已不再使用这些发型，光头、单双辫仍然常见。

椎髻又称椎结或魁结，是一种上小下大，上窄下宽的椎形发髻。椎髻的特征是一束头发结成形似椎的髻后，高耸于头顶。探究椎髻的历史可知，椎髻是汉族妇女最早使用的发型之一，也是当时男女通用的一种发式。椎髻之所以称为椎髻，是因为这种发髻的造型与木椎十分相像。椎髻的发髻高耸于头顶，远远看去，它的造型既惹人注目又威武，具有率直酣畅的美感。中国古典著作中有许多纲目讲述了椎髻，例如，《史记·货殖列传》："程郑，山东迁虏也，亦冶铸，贾椎髻之民，富埒卓氏，俱居临邛。"[1]《史记·西南夷列传》记载："西南夷君长以什数据，夜郎最大；其西靡莫之属以什数，滇最大；自滇以北君长以什数，邛都最大；此皆魋结，耕田，有邑聚。"[2]椎髻在瑶族的出现和使用，得益于瑶、汉两个民族之间的交往、交流与融合。

盘髻古时常见于我国东北部、北部的瑶族聚居区。其形成方式是将头发梳于脑顶或脑后稍偏位置，用手握住头发缠绕两三次，将散发盘在一起，髻心向高处突起之后，在发心的中间插一根簪子固定。

朝天髻，又叫"不走落"，是一种始于五代、盛行于宋代的中原女子发型，高髻的一种。朝天髻的整体样式很高，立于头顶，髻顶会专门取一束头发向内弯曲。宋代周密在《齐东野语》卷一中记载："一日内宴，教坊进伎为三、四婢，首饰皆不同。其一当额为髻，曰：'蔡太师家人也。'……问其（发式）故，蔡氏者曰：'大师觐清光，此名朝天髻。'"[3]

螺旋髻是一种象形髻，是指把头发如同陀螺一样打理。我国古时候就出现了这种发型，有"螺髻凝香晓黛浓"的诗句，东晋的《汉宫春色》中也记载说鲁元公主的第一个女儿、孝惠皇后都有很长的头发，她们在日常生活中都不需要戴假发，就可以将头发盘成陀螺状。

单双辫分为单辫和双辫，与日常生活习惯的说法一样，单辫就是将所有头发或者部

❶ 司马迁. 史记（全十册）[M]. 北京：中华书局，1959.

❷ 同❶。

❸ 周密. 齐东野语 [M]. 北京：中华书局，1984.

分头发编织成一条辫子，双辫就是将头发的整体或者部分编织成两条辫子。

"脑后髻"和"后枕髻"则得名于最后发型置于脑后部的位置。

（二）头服的功能

1.头服的社会功能

瑶族头服是瑶族的民族符号之一，头服上各种颜色、长短不一的线条和大小不同的图纹相互融合、相互渗透散发着瑶族之美，在历史的演变中瑶族头服不断改进、丰富、充实，俨然已经成为瑶族人民聪明、勤劳、智慧、勇敢的象征。精美的瑶族头服不仅能够区分年龄、性别、支系，也能够体现社会事件和生活，并将瑶族的小我与中华民族的大我区分开来，是瑶族屹立于中华民族之林的独特标识之一。

通过观察瑶族的头服，我们能够看出佩戴主体的性别、婚姻状态和年龄。塔山是瑶族的重要聚居部落之一，在那里，未成年的瑶族少女会戴铜铃帽。白裤瑶无论男女在幼年时都会剃光头，男子直至订婚后才会开始留头发，就算头发长长了，也只会潦草地梳理，任由头发披散凌乱，不会包头巾，也不会认真细致地扎成辫子，但是在婚后他们会用巾帕包头，把头发包在头帕里面。女性在幼时剃头时期，冬季会戴折叠式的空顶圆帽或者双角布帽，与男性一样，她们也会在订婚后开始留发，在结婚后用头帕盘发，但是她们婚后盘发的工具和方式比男性要多得多，最常见的是青色头巾对折两次以后包头，形成两角，前面的角高后面的角低，再用两条白色花带沿着头部覆盖在青色头巾外面。在盘瑶当地的村寨，不同年龄段的女性会戴不同颜色的帽子，不同颜色的帽子有着不同的寓意，年长一点的妇女帽子是青色的，寓意福寿康宁、美意延年；正值壮年的妇女帽子是蓝色的，寓意万事顺遂、欣欣向荣；而刚刚成年的女孩的帽子则是用花布制作，寓意万紫千红、万里鹏翼。关于瑶族头服能够区分年龄、性别与支系、体现社会事件的实例，还有红瑶，相传，红瑶女子格外在意头发梳理的模样，她们的头发依年龄不同挽成各种髻，有的是倾斜髻，有的是扁平髻，十八岁以下女孩梳的髻在当地称"拳髻"，已婚妇女梳的髻叫"盘髻"，盘髻上可以插银簪也可以别木梳。这样外来的人们只要远远看到女子头上梳有何种发髻，就可以大致辨别该女子的身份信息，不至于冒犯。

除此之外，瑶族头服还与他们的支系有着很深的联系，能够展示日常生活事件，传递情感。盘瑶常年穿戴尖头帽，银片牛角帽是茶山瑶的专属；红瑶女子极少剪发，将长发沿着头部一圈圈缠绕盘于前额处；平板瑶因妇女穿戴平板帽而得名等，青裤瑶的头服中心绣制皇帝印。瑶族头饰之所以能区分不同的支系，不仅仅因为其头饰形状，还因为其头饰的色彩搭配，盘瑶头饰以黑、红为主，色彩对比度高，视觉冲击强；茶山瑶以黑深色、蓝色为主；山子瑶则选择了红色、蓝色、白色等为经典色。

有些支系的女子出嫁时，会盖一块头巾在头顶的小竹架上，配上高贵的嫁衣，平添不少喜气。瑶族的服装依据所应用场合的不同，可分为盛服与常服。盛服是在比较盛大重要的场合穿的，常服应用于日常生活，无论是盛服还是常服，都有其自己的配套头饰。在尖头帽的使用中，新娘头饰的底色是红色，张扬奔放，希望婚后生活和谐美满、红红火火，头巾的边缘处由红、蓝、白三色相间拼接作装饰，其上刺绣着各种各样的纹样，有动物、植物、山川河海等，寄托着吉祥如意、百年好合的情感。讲完了尖头帽，我们来讲人字帕，在结婚时，新娘佩戴的人字帕与平时的头帕不同，在头发外部包裹上黑色的头巾后，在头巾外面还会覆盖一条长至肩部和颈部的方形大红色头帕，头帕可以把新娘的面部全部遮挡住，作用就类似于汉族传统文化中婚礼上新娘的红盖头，鲜艳的大红色烘托了热闹、喜庆的节日氛围。花娥冠上的装饰彩色绒球在不同场合还有不同的数量要求，一般在节庆日子里，女性们会在花娥冠上镶嵌七朵彩色的毛线绒球，对于婚礼上新娘妆的头饰，则会在花娥冠上镶嵌二十四朵红色的绒球，并配有银色小链条作为点缀。

花瑶族有一个女性在未到谈婚论嫁年龄之前不佩戴头饰的习俗，因此，在历史上很长一段时间，花瑶族的女孩除了自身的头发是没有其他头服的。但是，随着时代的发展变化，眼界的开阔，花瑶女孩对美有了自己的追求和认知，希望自己也能够有漂亮的头服，因此，出现了一种母亲为孩子制作的专门圆帽。这种圆帽与平地瑶女子为自己的孩子制作的圆帽一样，都展示着家中长辈们对晚辈的重视和关爱，表达了她们希望孩子顺顺利利生活、平平安安长大的美好情感。

2.头服的实用功能

瑶族头服的实用功能展现了瑶族人民在生存过程中的自我改造以及对大自然的主动依附和顺应。例如马尾帽既轻又耐用，外缘摸上去比较光滑，内衬由扁细的竹片织成，能够防止劳作时帽子滑落，适合上山打猎，能极大地满足瑶民的日常生活需求。在尖头帽的顶部，有一块黑色方形的布帕缠绕在束起的头发上，使头发盘裹成尖尖的形状，既可以在行动时给人清爽利落的感觉，又可以在寒冷的冬季发挥御寒保暖的作用。再如花瑶大圆盘帽，夏季女性在田间劳作佩戴大圆盘帽可以防晒避暑，保护皮肤不被晒伤，硕大的帽檐遮挡着阳光，送来了丝丝清凉，缓解着烈日炎炎劳作的辛苦，而冬天的时候，大圆盘帽又可以抵挡寒风的袭击。人字帽是高山瑶族女性在盛大节日里的头饰，它虽然佩戴起来复杂烦琐，但也正是因为它的存在，让瑶族女性的举手投足更显优雅、温柔可人。

二、上装类

（一）白裤瑶上装

1.男装与女装

白裤瑶因族内男子喜穿白色齐膝短裤而得名。白裤瑶男子的上装有假三件和黑衣两种造型。一种是假三件造型（图2-1），整体衣身有黑色和蓝色两种颜色混合搭配，衣长约61厘米，袖长约38厘米，肩长28厘米，领口、门襟、袖口、前后片衣摆、后背中间开衩、侧边开衩处皆使用了蓝色布条包边，袖口的蓝包边宽5厘米。黑衣是单层对襟短衣，有袖子无纽扣，立领低矮，纯黑色调，衣身双侧和后中开衩，门襟与衣领的连接处有花边装饰。白裤瑶女子上装分冬夏两种，有上衣、背牌两大件，着长袖上衣时，仍外套背牌，夏装则为无领无袖背牌（图2-2）。白裤瑶女子的背牌拥有源远流长的历史，在古代的时候称贯首服。明代文献中早已有许多和白裤瑶女子背牌相同的服饰的记载，但那时并不是把它作为瑶族服装记载，而是苗族服装。例如，（嘉靖）《贵州通志》介绍东苗时说："衣用土锦，无襟，当服中作孔，以首纳而服之"❶。类似记载还有明代郭子章写作的《黔记》："妇着花裳，无袖，惟遮覆前后而已。"❷上述两篇文章中描述的苗族贯

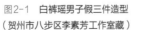

图2-1　白裤瑶男子假三件造型　　　　图2-2　白裤瑶女上装
（贺州市八步区李素芳工作室藏）　　（贺州学院民族文化博物馆藏）

---

❶ 谢东山，张道，赵平略，等.（嘉靖）贵州通志（上下）[M].成都：西南交通大学出版社，2018.

❷ 郭子章.黔记[M].赵平略，点校.成都：西南交通大学出版社，2016.

首服与现在的南丹白裤瑶仍然穿着的背牌完全一致，只不过随着时间的演变，其他少数民族和瑶族其他支系的背牌已经演变为上衣的装饰品，或者已经经过改良，唯白裤瑶还在生活中保留了背牌的最初形态并一直使用背牌做上衣，白裤瑶女子的背牌也是瑶族人民对生殖崇拜的体现。

2. 盛装

白裤瑶便装是以淡色为主，女子盛装在便装的基础上穿绣花背牌，系绣花腰带，绑有刺绣的橙色绑腿。白裤瑶女子便装上装的背牌由两片青布做成，盛装背牌前片仍为青色，但后片绣有"回"字形、方形、"田"字形三种图案。腰间还会系一块青色土布腰带，与男子盛装上装一样有巾须。白裤瑶男子盛装上衣有四层，整体造型为外层长度最短，由外向里逐层增加长度，不过袖子的构造是外层最长，由外向内逐层减短长度，对襟上衣、立领、无纽扣，颜色为黑、蓝两色搭配。同常服一样，背后衣摆中心位置、身侧中心位置都有开衩，领襟、门襟、袖口、两侧开衩处、后背衣摆开衩处、前后片衣摆均有浅蓝色布块镶边。

（二）平地瑶上装

1. 男装与女装

平地瑶男性上衣为矮领对开襟，衣身是蓝色，肥硕宽大，长度到达胯骨处。在领口、门襟边、袖口及口袋边都装饰着使用织锦工艺制作的花边（图2-3）。平地瑶女上衣是高领右衽大襟，衣领可以包围整个脖子，衣身颜色有青、蓝、白三色，由浅蓝色家织布制成，与男子上衣一样，整体衣身肥大，为了方便活动，下摆侧缝有开衩，开衩处有黑布绳连接（图2-4）。家织布是指瑶族妇女们自种、自织、自纺、自染的布。门襟是黑色布块的包边装饰，无花纹装饰，素雅、朴实。袖子与一般瑶服的袖子不同，能够分离，属于大袖子与袖筒两部分套合拼接在一起的拼接式，大袖与袖筒之间的连接处装有暗扣或盘扣。袖筒是黑色的，二分之一处有圆形长条花纹。衣领的领口设置了两粒盘扣，纽扣的路径从颈口伸往右边腋下，右下侧门襟处的扣子是铃铛，寓意辟邪消灾，图吉祥喜瑞。

2. 盛装

平地瑶女性盛装以婚礼服为代表，出嫁时，新娘上装中层是蓝色绸缎材质的无领右襟衣，内层是白色汗衫，最外层是黑色或蓝色的圆领右襟衣，腰部会系一块颜色鲜艳的红色巾带，其中最华美的是外层的圆领右襟衣，它的大襟、领口位置都有包边。穿着时，最外层的袖子向着衣身方向翻折两次，盖住衣袖与衣袖的接缝，这种穿法在满足了

图2-3 平地瑶男装
（贺州市八步区李素芳工作室藏）

图2-4 平地瑶女装
（贺州市八步区李素芳工作室藏）

实际功能需求的同时，也增加了服装色彩对比。参加节庆活动时，上装同样为圆领右襟
衣，外罩围裙，围裙的材质与色彩多种多样，色彩璀璨瑰丽的是年轻女性穿的，色彩沉
稳庄重的是老年女性穿的，但不同围裙的穿着方法和结构形制基本相同，形状接近于一
个长方形，中间有开口，上窄下宽，左右对称。围裙上端宽约15厘米的位置有一个弧
形缺口，满足穿着需求，裙长总长为60厘米，底摆总长为97厘米，穿着盛装围裙时，
还会搭配相应的颈链和腰链。

（三）花瑶上装

1.男装与女装

花瑶男装以青布、蓝布、黑布为主要制作材料，款式宽松，以满足日常生产生活的
需要，有短款、长款两类。花瑶族女性一年四季的衣服色彩都比较单调，上衣是对襟式无
衣领设计，胸前有开口，开口处有布扣，长度较长，里面的衣服可以长至脚脖，外面的衣
服长至脚踝处，袖口处和衣服的下摆均以花布包边，包边上有彩色刺绣，衣扣由红线盘结
缝纫而成，里衣有6个衣扣，外衣有10个衣扣。秋冬两季的上衣多为天蓝色，夏季上衣
多为白色。天蓝色上衣是无领对襟四摆的长衫，长衫呈上身较窄下身较宽的长裙，后有尾

形，尾形是指用长衫后摆折叠而成的一个扇形装饰。花瑶妇女夏天也穿白色长袖短衫（图2-5），下不打绑腿，外不套披肩，也不挂银饰等装饰，但绑有五彩缤纷的腰带，连接下身的长裙，腰带由各种颜色的花布拼接制作而成，呈长条形，宽5厘米，长约60厘米。

2.盛装

图2-5 花瑶夏季白色短衫（附腰带）
（贺州市八步区李素芳工作室藏）

花瑶丧俗服和汉族的丧俗服一样，都以素色为主，穿着流程简单，上衣为暗蓝色或黑色。花瑶婚嫁服装上装包括长衫、马甲、腰带，绿色是花瑶盛装的主色调，新娘装为内外三件套装，依次为白色、红色、绿色，最外层的绿色长衫样式是无领对襟四摆长衫，镶有一字布扣，底边有红布包边，最里面的白色长衫袖口以挑花装饰，穿着时必须露出所有里层衣服的袖口与花边，一方面是为了展示瑶族妇女们高超的挑花手艺，另一方面是为了显示财富。马甲布料为黑色棉布，有亮色包边，穿着时马甲套在长衫外，白色与红色长衫前摆折叠交叉缠绕在腰间，套上马甲后用腰带固定。腰带是用若干各种颜色的棉布拼成的长袋。

（四）过山瑶上装

1.男装与女装

过山瑶中青年男子上装是无领对襟短衫（图2-6），中老年男子是圆领偏襟铜扣短衫。无领对襟短衫以黑布为底，二分之一的门襟有白、灰色的布边，衣身前身短，后身长，穿时左右衣身交叉对压，然后缚以黑色宽腰带。

女子上衣有三种，一种类似清朝官员穿的衣服，胸前刺绣精美图纹，在圆领、左右袖襟处均有包边，包边上绣有花纹，搭配花裙，显得高贵雍容；另一种类似汉族妇女日常穿的大襟衫，高领、长至脚踝；还有一种是开胸无扣的枇杷襟衣（图2-7），领口、袖边、襟边均绣有花边。枇杷襟衣由靛青色立领前衽大襟长衫、围裙、织锦、胸兜、腰带组成。

2.盛装

过山瑶族内举行祭祀仪式时专唱瑶族经歌的年长妇女穿的是黑色立领右衽大襟长衫，配两条腰带，后腰处缠绑有后腰帕，显得圣洁庄重，而操办法事的男子穿的服装是

图2-6 过山瑶青年男子上衣
（贺州学院民族文化博物馆藏）

图2-7 过山瑶枇杷襟衣
（贺州学院民族文化博物馆藏）

靛青色立领偏襟短衫，系腰带。在其他隆重场合，妇女盛装服饰的胸前与后背无刺绣方形图案，而佩戴在前衣身处的长围裙中间有一幅小方块形图案。过山瑶的结婚装，上衣有里、外两层，内层是立领大襟右衽衣，底布颜色为蓝色（图2-8），外层是前短后长的黑色对襟长衫（图2-9）。内层衣长约65厘米，袖长约40厘米，领口有红、白、黄三色布条镶边，靠近门襟处缝缀有两条宽约5厘米的黑色布条，袖身宽阔，靠近袖口约5厘米处有和门襟一样的黑色布条及花纹排布。外层衣长约90厘米，袖宽约70厘米，领口有白、红布条细滚边，袖长约为16厘米，门襟处的挑花图案宽约6厘米，长约32厘米，袖口处缝有8厘米宽的红、白、蓝三色布边；背面的裙摆有两层，每层裙摆宽约63厘米，沿边均有红、蓝、黄、白四色相间、宽37厘米的绣边装饰。

图2-8 过山瑶结婚装内层
（贺州学院民族文化博物馆藏）

图2-9 过山瑶结婚装外层
（贺州学院民族文化博物馆藏）

（五）青裤瑶上装

1. 男装与女装

青裤瑶信奉青色，且衣裤裙皆属青色，男子上衣长至脚背，与汉族长衫极其相似，因此青裤瑶又称长衫瑶。长衫瑶女子上装为青色长袖短衣，外套背牌，背牌绣有方形、田字形图案，背牌下角有彩色飘带。青裤瑶男子上装为青色、无领无扣、前身短后身长的长袖对襟衣，腰间绑有绣花腰带，腰带两端的彩色巾须垂于胯沿处。领后有长5厘米的短披肩，衣下摆角呈硬弓状。青裤瑶女子上装与男子上装基本相同，只是颈后无披肩，衣摆位置也没有突出的尖角，上衣外还套有马甲，马甲的两下角吊花带，前部衣片是青色。

2. 盛装

盛装的上装，青裤瑶通常会选择穿着他们本民族的服装。这种服装通常是由靛蓝色的布料制成，上面绣有精美的图案，如花鸟、人物等，服装的款式比较宽松，适合进行各种活动，一般为青布短上衣，外套背牌小衣，背腋下垂挂六至十二条彩带，女子盛装特别讲究花纹，由蓝色土布制成，穿着时全身银光闪闪，五彩缤纷，华丽迷人。

（六）红瑶上装

1. 男装与女装

红瑶男子上衣是白衣或青衣，形似汉族男子右边开口的便衣，青衣胸前从右往左包肚，有四个扣子，年纪较长的青衣用的是钢质扣（图2-10）。红瑶妇女的上衣包括花衣（图2-11）、双衣（又称夹衣）、便衣（又称扣衣）（图2-12）和挑织饰衣四类，以红色基调的花衣为主。妇女的花衣是红瑶服饰中最常用、最珍贵的衣服，衣长稍过肚脐，无领无扣，穿时两襟交叉，束腰带，由粗布制作而成。便衣是红瑶妇女在夏季穿的衣服和劳动服，也是日常生活穿的常服，主要原材料是青布，也有的原材料是白、蓝两色的粗布，无衣领对襟，也无纽扣，但有的绣有假扣，衣脚和衣袖扣有蓝布包边。双衣则是红瑶女子冬天穿的冬衣，冬衣耐寒保暖，制作冬衣所用的丝线是蚕线。挑织饰衣又称饰衫，与花衣一样，以红色为主，衣上其他色均为配色。常出现在饰衫上的纹样有凤

图2-10 贵州黎平红瑶男装
（贺州学院民族文化博物馆藏）

图2-11 红瑶花衣
（贺州市八步区李素芳工作室藏）

图2-12 红瑶便衣
（贺州市八步区李素芳工作室藏）

凰纹、勾头鸟纹等。

红瑶系腰带时有一套自己的规矩，腰带在腰后打花结，两端布须的垂摆呈现一定的层次，形"犬尾饰"，是红瑶对祖先崇拜的体现。

2.盛装

红瑶盛装的上装通常是红色的，领口和衣袖都有精美的刺绣，纹样是祥瑞的龙纹、凤纹以及日常生活中常见的花纹、鸟纹等。上衣的长度一般达膝盖上方，袖口宽松，红瑶盛装与便装除了刺绣纹样上的区别外，盛装在细节装饰上与便装也有许多不同之处（图2-13）。

图2-13 红瑶女盛装
（贺州市八步区李素芳工作室藏）

（七）盘瑶上装

1.男装与女装

盘瑶男子上装为黑布对襟衣，立领，短袖，两侧有布扣连接的直身款式，领边和胸襟边均缝织锦，织锦上有红色花纹（图2-14）。盘瑶女子上装为青色衣，无扣长袖，有圆领、对襟、交襟等不同款式，衣长过臀到达膝盖上方，双袖是五色彩线、彩条和织锦制成的彩色袖，衣襟后长前短，左右开衩，穿时左右衣片交叉，绑围兜。围兜由青色布料制成，呈长方形，系时左、右绑带在后背打结，中间和两端固定着彩色织锦，其中腰带端织锦上的花纹是箭头三角形。

2.盛装

盘瑶的盛服上装又被称为"盘瑶盛装"，是盘瑶族人在重要节日、庆典、婚礼等场合所穿的服装，盛装的颜色以红色为主，象征着热情、活力和喜庆，同时也会搭配黄色、蓝色等鲜艳的颜色，以增加整体的视觉效果。盘瑶盛装的款式独特，通常为对襟衣，两侧开衩，便于活动，衣摆处常有刺绣和蕾丝等装饰，这些装饰展现了盘瑶族人精湛的制衣技艺。此外，女款的盛装会在领口、袖口等处添加细致的饰品，如珠片、彩石等，盘瑶男子节庆日着盛装时，对襟上衣外套一件背心，背心多为红色，在后领中心，有一块白色方形巾布垂于背部（图2-15）。

图2-14 盘瑶男上装
（贺州市八步区李素芳工作室藏）

图2-15 盘瑶婚礼服盛装
（贺州市八步区李素芳工作室藏）

图2-16 土瑶女露脐装
（贺州市八步区李素芳工作室藏）

图2-17 白裤瑶男下装
（贺州市八步区李素芳工作室藏）

图2-18 白裤瑶女下装
（贺州学院民族文化博物馆藏）

（八）土瑶上装

土瑶是一个由军队转化而来的瑶族支系。男上装和女上装（图2-16）都为假两件露脐装，里衣都为白色，外衣都为蓝色，袖子也有白、蓝两层，所有面料都是土布。女性的上衣长约38厘米，袖长约59厘米，露脐设计有方便哺乳和散热两层含义，盛装时脖子上会佩戴彩色流苏项圈。男性的露脐装则是为了寻求凉快。男装左右胸口处有长条彩色流苏装饰，是沿承了军队的勋章绶带样式。

三、下装类及足服类

（一）白裤瑶下装

1.男装与女装

白裤瑶的活动地带多在山林，男子下装多为外裤搭配腰带，其中外裤为白色宽裆裤（图2-17），裤口、裤腿宽大，裤脚处较窄，能够满足在山间剧烈奔跑、跨越的生活需求，裤长约60厘米，及膝。裤腿上印有黄色或橙色丝线勾勒的五指印，中间指长18厘米，两侧的指长为10~15厘米。穿白色宽裆裤时会搭配橙色腰带一齐穿戴，腰带系紧裤头，防止运动过程中裤子脱落。白裤瑶男子下装的五指印是族内男子骁勇善战、威武勇敢的象征，也是白裤瑶对祖先的敬畏与崇拜之情的体现。在战斗中，战士们穿的裤子膝盖以下都被撕烂了，裤长之所以只及膝，也是为了纪念祖先以及为了保护族人和家园而奋不顾身的族人。

白裤瑶女子的下装是百褶裙（图2-18），每一条百褶裙的褶痕可达上百条，裙身上部为浅蓝色（有的是深蓝色），裙底边为橙色。制作一条崭新的百褶裙需要消耗的布长为2~4米，靠近膝盖下小腿的三分之一处裹有绑腿，绑腿长40厘米，穿戴绑腿时，绑腿沿着小腿从下往上缠绕三圈，然后在绑腿外再系一根黑色细绳固定。裙头系长方形围兜，围兜的两端各系有一根细长的白带子，白带子既可固定百褶裙，又可固定围兜。

亚麻布鞋或草鞋是白裤瑶在日常生活中最常使用的鞋子，这类鞋子耐磨，漂亮美观，厚度重量适宜，在山林中行走踩上石头、树枝也不会觉得硌脚，而且鞋面上还有五彩丝线绣制的精美图纹，与上装、下装的颜色和图纹相对应。

2. 盛装

白裤瑶族男子盛装下装的制作面料比常服珍贵，款式和常服一样，都是大口宽裆裤。女子下装盛装仍为百褶裙，百褶裙不分冬夏简盛，出席盛大场合时的百褶裙颜色要更深一点，看起来更新。

（二）平地瑶下装

1. 男装与女装

平地瑶男性的下装是直筒裤，裤腿宽大，在离裤脚四分之一处贴有花布，花布上有白色花纹，除了贴花布外，裤腿上的装饰方法还有将各色方形的绸布拼凑在一起形成裤脚边，绸布拼凑的裤脚边仍占腿四分之一的长度。平地瑶男子也裹绑腿，古时喜穿布鞋和用干草编织而成的草鞋。平地瑶女子日常生活所着下装一般也为直筒裤，颜色是黑色，裤长约93厘米，腰头宽60~70厘米，线条简洁，整体版型简约大方。平地瑶的鞋子是黑色布鞋，鞋口处有蓝色包边。

2. 盛装

平地瑶女性盛装节庆服饰以婚礼服最具特色。出嫁时，新娘下装内穿宽裆黑色直筒裤，外穿精致马面裙。宽裆黑色直筒裤面料是平地瑶人自己生产的家织布，裤筒部分颜色是用蓝靛浆染技术染制的深蓝色，裤头部分则是未经染色的家织布。裤筒部分采用的是服饰制作方法的八片式，即将八片裁好的布片拼合缝制成直筒裤的裤筒，裤头部分的制作方法比较简单，由一块长方形布片围合而成。马面裙有内衬，内衬多为机织造的棉布。裙面面料是鲜艳的红色缎面，手感细腻光滑。除此之外，马面裙还分前后裙门，由长约86厘米、宽约80厘米的两裙片重叠20多米缝纫形成。穿的鞋是勾尖大红绣花鞋，这种绣花鞋为女子出嫁时专属，一生只能穿一次，整体色彩靓丽端庄、温婉大气。鞋上的花纹集中在鞋面上，多是寓意祥瑞的图案，如飞鸟乘云、丹凤朝阳、凤凰带福、二龙戏珠等。绣制纹样的针法是刺绣常用的打籽绣和平针绣。

平地瑶参加重要节日活动或出席盛大场合时，下穿直筒裤，脚穿绣花鞋。平地瑶绣花鞋种类多样，数目繁多，按照出席的场合可分为孝鞋、嫁鞋、歌鞋、接亲鞋等。依据地区可分为大石桥、大路铺、白芒营一带的平绣绣花鞋，涛圩、河路口一带的以盘筋绣做轮廓、以打籽绣填充的绣花鞋。

（三）花瑶下装

1.男装与女装

花瑶男性传统服饰下装为宽松抄裤，打绑腿，但现已完全改穿现代服装。女性日常服饰下装为蓝底白纹刺花长筒裙（又称挑花长筒裙）（图2-19），筒裙展开时呈等边梯形，裙长过膝，以土布为制作原料，裙面上有"双凤朝阳""双龙抢宝""鲤鱼跳龙门""双蛇比势""双虎示威""凤凰牡丹""雄鸡报晓""双狮滚绣球""喜鹊含梅""鸳鸯戏水"等图案。穿着时将筒裙从腰后往前绕，腰前部分交叉，然后用长腰带在筒裙裙头捆扎两三圈以固定裙身。绑腿也是花瑶女性下装的重要组成部分，绑腿一般是白色棉布细长条，使用时呈螺旋式盘绕在小腿上。花瑶的足服是平底布鞋，以棉布做底，鞋面为黑色。花瑶族的鞋子是典型的瑶族风格，非常注重刺绣工艺和色彩搭配，鞋面上有丝线绣花或彩布贴绣。在鞋子的刺绣工艺方面，

图2-19 花瑶女下装
（贺州市八步区李素芳工作室藏）

花瑶族的女性通常使用挑花技艺创作鞋面图纹，非常细致漂亮，极大呈现了挑花的工艺之美。

2.盛装

花瑶参加传统节日或结婚庆典的服装艳丽繁杂、五色斑斓，在不同环境与场合有不同的样式。花瑶族根据人生阶段一般有三套服装，分别是婚嫁时的盛装、日常着装与丧葬服装，根据花瑶习俗，婚嫁盛装在日常生活中不能穿着，只能在结婚仪式、送亲与花瑶的传统节日中才能穿，而且在过世时也穿着入棺。

（四）过山瑶下装

1.男装与女装

过山瑶女性下装（图2-20）着色华丽，黑红相映，色彩对比强烈，使用了拼接工艺。由膝盖至裤脚处的裤筒是绣制了红、绿、蓝三色花纹的瑶锦，裤身的膝盖以上的部分是黑

色棉布。腰间绑有缀有彩色布条和流苏的腰带或红色花布带。裤筒和腰带上的花纹均为瑶家妇女随心所欲绣制，无特定的规律，只要自己喜欢就行。现在，过山瑶女性的下装已不再局限于裤装，有了裙装。过山瑶的半身裙一般为单层，以黑布作底，裙长过膝，裙摆较大。男性下装款式和女性的裤装相似，但色彩不如女性鲜艳，瑶锦上的图纹颜色是比较黯淡的黑、白、灰，裤长不至脚踝，只达膝盖下方一点点。

过山瑶的足服在不同季节有不同款式，夏季穿的是由简单的布条制成的凉鞋，冬季则穿特有绣花鞋，绣花鞋无鞋跟，只在左右鞋面的末端各系一根绑带，穿时把左右鞋面收拢，绑带在脚后打结。鞋尖长度超出鞋底朝外突出，中缝处呈长方形突起。鞋口的两边镶有其他颜色的布条。

图 2-20　过山瑶女下装
（贺州市八步区李素芳工作室藏）

2. 盛装

过山瑶女性的盛装下装采用的是高浓度、高饱和度的紫红色，裤长过脚踝及脚背，裤型呈喇叭形，剪裁、设计美观大方，面料厚实，四分之一处镶有不同于裤色的彩带，彩带从下至上依次是绿色、红色、蓝色、棕色、黄色、白色，蓝色彩带上还有小方形图纹。腰间系以红色为主体色的围兜，围兜四周彩条的装饰颜色是翡翠绿、天空蓝、雪花白。

（五）青裤瑶下装

1. 男装与女装

青裤瑶男性下装是青色齐膝短裤，裤腰长55~70厘米，裤长约60厘米，青裤瑶族经常上山捕猎，这样的裤身设计透气清凉，能够适应山间闷热潮湿的气候。女性下装有裙、裤两种，裙装有内裙、百褶裙、围裙三个部分，百褶裙是蜡染蓝底裙，围裙无论是裙装和裤装皆可搭配穿戴。

2. 盛装

盛装时，青裤瑶脚上会戴精美的脚笼，头上、脖子上、手上都会佩戴相应的银饰装饰，女性还会将多条裙子叠穿，看起来更有隆重之感。

（六）红瑶下装

1.男装与女装

红瑶女性的下装有青裙和蜡染百褶花裙（图2-21）两种，青裙用青布或黑布制作，制作工艺比百褶裙简便。蜡染百褶花裙长至膝盖，整个裙身分为三层，最上层为黑色，长约21厘米，最下层红、绿相间，长约12厘米，中层黑、白相间，长度和下层相等，裙头后面有长82厘米的裙带，穿裙装时，裙摆整理好后把裙带打结固定。红瑶男子下装为黑色长裤，裤长较长，布料柔软丝滑。

2.盛装

红瑶姑娘的嫁衣可以是女儿出生时妈妈就开始为女儿做的衣服，也可以是红瑶女孩花费1~2年亲手为自己缝制的衣服，一针一线承载的是女孩的成长，也是红瑶女孩对未来的希冀和憧憬。缝制好的嫁衣由母亲在女儿出嫁当天亲手为女儿穿上。

（七）盘瑶下装

盘瑶女性下装以长裤为主，也有长裙。长裤长至脚踝，膝盖至裤脚是色彩图纹丰富的织布（图2-22）。盘瑶男裤与女裤相比，颜色都为黑色，不过板型比女裤宽大，只有裤脚处绣有图案。

（八）土瑶下装

土瑶男性下装为蓝色阔腿裤，裤型宽松，裤头部分是蓝、白条纹相间的棉布，具有一定的弹性。女性下装有半身裙（图2-23）和长衫，半身裙以黑布做底，上无任何装饰，裤长及小腿，裤头较短。长衫长及脚踝，立领有扣，盛装时会围一件挂满彩色流苏的围腰。

图2-21　红瑶百褶花裙　　　　图2-22　盘瑶女下装　　　　图2-23　土瑶女下装
（贺州市八步区李素芳工作室藏）（贺州市八步区李素芳工作室藏）（贺州市八步区李素芳工作室藏）

第二节 服饰配饰样态及特点

一、头颈饰

（一）头饰

1.髻间装饰

古时的瑶族男女为了追求视觉美观，将鸡毛、彩色的珠子置于分梳于两旁的发髻和鬓发以作装饰，李来章在《连阳八排风土记》第三册亦云："瑶无冠礼，少年男子以五色绿珠及棉花作条饰髻，上插鸡尾，以为美观，男二十余岁不薙发，以红布缠头，兼用网巾，穿耳带环。"[1] 随着人类文明的进步，头簪、头钗等更精致美观的装饰物逐渐衍生。瑶族的头簪制作材质有银、金、铜等，款式多种多样、体积有粗有细，粗的呈扁平片状，细的有刀叉状、针状、条状等。扁平片状银簪上平下尖，工艺细致，长10~12厘米，宽1.5~2厘米；条状银簪纤巧细腻、头尖尾圆；刀叉状的银簪长约15厘米，一头似叉子，另一头有长约15厘米、串有铃铛和三角形银片的银链。年代久远的瑶族传统头簪色泽较暗黑，图纹结构也比较简单；最新生产的头簪图纹在结构上有了较大改变，趋向复杂化，且在簪头带上了红线或彩色圆珠及其他各式各样的挂坠。

与头簪一样，瑶族传统的头钗（图2-24）比较普通，图案和花纹十分简单。慢慢地，银头钗上不仅出现了龙凤花纹样式的雕刻，还出现了鸳鸯花纹样式的雕刻，多种多

图2-24 瑶族头钗
（来宾市金秀瑶族自治县瑶族博物馆藏）

---

[1] 李来章.连阳八排风土记[M].黄志辉，校注.广州：中山大学出版社，1990.

样的花纹和样式使头钗外形变得更加美观大方，也使头钗品类更加丰富。

2. 耳环

耳环是头部配饰的重要组成成分，瑶族人很小的时候就会佩戴耳环。不同瑶族地区的耳环款式不同，例如上江圩平地瑶耳环是上粗下细、上窄下宽状，粗约3毫米，闭口式的暗扣设计既方便佩戴，又可以预防衣物磨蹭时或做其他动作时掉落，耳环上的花纹凹凸不平，极具立体感。在江华，出嫁时的耳环为银质鎏金材质，由银片和银环两部分

图2-25　瑶族银耳环
（来宾市金秀瑶族自治县瑶族博物馆藏）

组成，圆形银片半径约2厘米，银环直径约为3厘米，银片套于银环上。过山瑶族的耳环可组合佩戴，形状有中间位置錾刻叶子的上窄下宽的水滴状，有简单的黑珠子状，还有圆环状。大圩镇瑶族耳环的外在形态为半径约3厘米的大圆环，圆环内固定着鱼形银片，银片的周围环绕着数个旋涡状银圈（图2-25）。

传统的瑶族银耳环是大圆圈耳环，耳环的下部有树形雕花、折叠梅花、折叠圆锥三种表现形式，大圆圈耳环不论性别，男女均可依据自己的爱好和需要佩戴。盘瑶耳环有的以盘王印为中心图案。瑶族的银饰耳环在一代代银匠的创新中、在与传统的结合中不断发展，新研发的盘瑶王耳环图案由盘王印加上月牙形和螺丝圆点组合而成，但其制作技艺中的花丝工艺和用圈是从以前到现在一直都有的，这种创新不但丰富了瑶族耳环的种类和样式，也传承了传统的耳环制作工艺。

3. 银锥、银魔冠

这些都是排瑶新娘头冠上的装饰。银锥是一种银饰挂件，在头上、帽子、头冠上等多个部位都可以加上银锥来装饰，但是银锥上的图纹来意至今仍没有准确的解读。与大圆圈耳环一样，男女都可佩戴，但是在盛大隆重的节日和婚庆日使用得更多，成人戴，小孩不戴。不同地区的排瑶，不同的排瑶支系，银锥的花纹不同。银锥与头钗非常类似，只不过银锥的实质是瑶族油伞的缩影，银锥的前身就是瑶族油纸伞。

银魔冠，一般是戴在头上，盛装的时候也会装饰在衣服上，逢达努节、耍歌堂等盛大节日，瑶民一般会将自己家里储存的银魔冠尽数佩戴，因为银魔冠的数量不仅是瑶民对美的追求的代表，而且也是尊贵地位、威武和能力的体现。银魔冠中间雕刻的图案是瑶族的人民英雄"法真"以及瑶族崇拜的各种宗教信仰的图腾。这些图案一方面有驱邪祟、保平安的用意，另一方面也表达了瑶族人民对历史英雄和祖先的崇拜之情。

（二）颈饰

1.银项圈

银项圈都成扎出现，给人的感觉就是将好几个银质大项圈套在了脖颈上，瑶民日常一般戴十二条项圈，象征一年四季十二个月都平平安安的。不过，现在很多地区的瑶胞一次性只戴十条了，闹市上卖的也是一扎十条。传统的项圈是用上好的银块打制，上面雕刻的瑶族图腾，通常是一个"凶神"，暗示镇压凶鬼恶煞而保老少平安。图2-26的银项圈属过山瑶，上部是三个边缘雕花的银项圈紧紧粘连在一起，下面布满了小银片吊缀，下部有链条、蝴蝶图纹、花纹。

图2-26 过山瑶项圈
（来宾市金秀瑶族自治县瑶族博物馆藏）

2.颈链

有的用于系扣围兜，长40~45厘米，绞花样式，末端头缀银扣，使用方法是从脖子后往前绕。有的用作项链，绳子下端挂有各种样式的银片，有的绳子上还串有白色陶瓷珠。

3.哈喜

哈喜也是瑶族一种重要的颈间配饰，挂于颈间，两端等长。哈喜功能多样，不仅可作颈间配饰，也可作为缠头帕和腰带。此外，哈喜在过山瑶的婚礼习俗中发挥着重要作用，每一个瑶族支系都有自己的婚礼习俗，过山瑶的婚礼习俗是族内婚，青年人的婚姻由家中的父母包办，遵循父母之命。婚礼步骤有男女双方相亲，觉得合眼缘、有缘分后就开始讲亲，接着是送日子、送亲、接亲等，婚礼当天最为热闹，男方迎亲要进行"串新娘"，在新娘与送亲队伍中来回往返，共三十余次，婚礼的晚宴也会一直持续到天亮。在送亲队伍抵达新郎家之前，送亲队伍的成员一直用哈喜牵着新娘，到达新郎家后，新娘的交接仪式也是以哈喜为媒介。此外，瑶族人民酷爱唱歌，年轻男女正是通过歌声来选择自己心仪的伴侣，正在对歌的男女如果双方都很中意，就会互相交换一个物品，男子大多给予女子自己身上所佩戴的哈喜，女子则给予腰带等配饰。

（三）其他头颈饰

其他头颈饰，多产生于瑶族人民在日常生活中的有意识或者无意识行为，在这些行为中产生的头颈饰并未成为具有大众信服力的头颈饰，它们仅仅是一个支系的习性或者文化。例如，茶山瑶的男性会制作长约7厘米的絮状物放在额头上，女人会将三根长20~30厘米、宽约2厘米银质扁条插入发中，在头顶横向排列。据相关文献，排瑶的头饰饰物不仅有红绒彩线，还有小木梳、山花、白鸡毛、野雉羽等，五彩缤纷。茶山瑶头饰，按居住地域具体可分为"银钗式""银簪式""絮帽式""竹篾式"，而每种式样又备有不同的饰物，如盛装时的"银钗式"备有丝带、纱带、银铸的软珠子、银片、银板、挑有花卉的白布、银钗、小银簪、薄铁片、竹制叶片、银铃、银壳梳子等。除此之外，还有银铃装饰在头冠和银鼓上，铜钱用于腰带、帽子以及胸兜的装饰。据说在儿童绣花帽上吊上十二枚铜钱和九颗银铃，不仅美观，而且有辟邪的效果。如果小孩在茂密森林里走失了，随着铜钱和银铃发出的声音也比较容易找到。

综上可以得出，在支系众多的瑶族头饰中，既有直接从自然生境中选择的诸如竹篾、动物羽毛、骨叉、野草珠、山花、藤条、片麻、油桐圆筒等饰物，又有各色布料、丝线、绒线、彩线、银钗、银簪、头针、头钉等通过人工精心加工的饰物。这些饰物是装扮和修饰头部的基本符号。这些基本符号的存在，增加了人们活动时的保护物件，同时也拓展了人们护卫头部器官以外的空间的能力，并且丰富了瑶族头饰文化。

二、躯干饰

（一）胸饰

1.银胸牌

瑶族的银胸牌有葫芦形、长方形，上面雕刻有祖先神像、太上老君、观音等样式的图案，有辟邪祈福的美好寓意。

2.银牌

也是瑶族的一种配饰，银牌上的图纹是瑶族人民某些迁徙路线的象征。头上、衣服都可以挂上银牌。

3.金蓬铃

金蓬铃上雕刻有八角图案，一块半圆环形下缀着银链条，走起路来叮铃作响，是一些瑶族结婚时佩戴在胸前的银饰品，美观别致，鲜亮耀人。

4.胸兜

在江永平地瑶聚居地区称"蒙心裙"，蒙心裙上绣着的图案传达的是平地瑶女子希望蒙蔽的心能充满希望的美好希冀，胸兜的领口处和靠近腋下的弧形处各有一个小圆圈，用于系脖颈和腰间固定胸兜的带子。由于胸兜是妇女做家务时的穿戴，所以胸兜颜色多为深色。江华平地瑶的胸兜为青色，上部小、下部大，领口处约长13厘米，底部长70厘米，总衣长约55厘米。清溪源过山瑶的老式胸兜，与千家峒过山瑶的围兜一样，男女通用，颜色为古朴的深青色，工艺复杂讲究。兜长70厘米，领宽15厘米，腰宽21厘米，挑花带宽5厘米。上端边缘有两层黑白相间的珠子，并坠有呈自然状态垂落的流苏，两条串珠流苏挑花带位于其腰际部位。湘江乡椿木口过山瑶的盛装胸兜宽35厘米，长25厘米，由无数黑、白两色的串珠和棕色穗线组成，穿戴时可叠穿。大圩镇过山瑶的胸兜有常服和盛服两种，常服胸兜是黑色布料，四周有宽3厘米的浅蓝色布条包边，顶边和腋下各有两个扣襻用于围系。盛装胸兜极为华美，长梯形，一般有2~3层栉次排列。每层绣片宽约12厘米，长分别为10厘米、30厘米、33厘米，颜色为深红色或者橘红色，每片绣片的正反两面都附有精美的挑花图案且顶部两侧有扣襻，每对扣襻中对称串有黑白串珠和红色穗线，有的还有古式铜钱，富裕家庭的胸兜上还添加有太阳花造型的银花。

5.针筒链

瑶族针筒链一般用长约43厘米的银链串起，一端连有蝴蝶形银片，银片上串着短银链，银链末端挂有长约10厘米的挖耳勺、牙签、针筒，针筒能够打开，内装绣花针，银链的另一端配有挂钩，用于连接胸兜。汇源、犁头、九嶷地区的过山瑶称针筒链为"牙线"。

6.围兜

千家峒过山瑶的围兜，男女皆可穿戴，用于保护上衣整洁，形似正方形，以青黑色土布作底。女式围兜的中心带有太阳花，四边都装饰有花带和刺绣，底部不仅有花带还有多种挑花图案的线状排列，直线有时多达8条，每条宽约1厘米。男式围兜与女士围兜相比则简单得多，依然是青黑色土布为底，但其四边装饰的花带、图案、花纹单薄得多，有的甚至没有花带。汇源过山瑶的围兜图案最为丰富和艳丽，男女款式相同，但花纹不同，依然以黑色或蓝色土布作底，有的顶边有包边，上边长86厘米，下边长73厘米，形状是上宽下窄的倒梯形，包边两端缝两根红色织锦花带用于固定围兜。围兜左右及底边由红、黄、蓝贴布绣呈"凹"形围合，凹形边宽20厘米，大"凹"形套小"凹"形，小"凹"形中有松树纹、鱼骨纹、羊角纹。湘江瑶族妇女围兜上宽30~40厘米，下宽40~50厘米，顶部是宽5~10厘米的白布或蓝布包边，底部和中部绣有多排白色小人，有的围兜四周还有宽5厘米的红白蓝布包边。塔山瑶族妇女的围兜用黑色布料制成，长约78厘米，宽70厘米，顶边是宽10厘米的蓝布包边，包边上有2米长带流苏的织锦花带，其他三边从内到外分别用宽4厘米的蓝色、红色布条镶边。

7.过山瑶胸饰

胸饰是过山瑶区别于其他瑶族支系的服饰符号，千家峒的胸饰有胸牌、牛角胸饰两类。胸牌外形和蝴蝶轮廓极其相似，见于节庆、上街赶集、走亲访友，颜色丰富，上刻二龙抢宝和麒麟图案，下缀各式响铃和花片，活动时或有风时便会发出清脆的碰撞声，悦耳动听。牛角胸饰，物如其名，就是将一个牛角做成了佩戴在胸前的饰品，传说以前过山瑶的瑶胞们受到官府的打压四处逃生，在准备逃走的时候，将牛角分成十二份，发给瑶族十二姓同胞，以备将来团聚时候作为信物。1988 年 7 月，广西富川瑶族自治县县志办主任盘乘和在柳家乡平寨村邓益光家中发现了一截牛角。据邓益光说："这截牛角是十二姓瑶族从千家峒分离出走时邓姓分管的一截，从其祖先世代相传珍藏至今。这截牛角呈黑色，是水牛角尾端中的一截，形似椭圆柱体，长 3.1 厘米，重 47.5 克，大头内径最宽处 5.3 厘米，最窄处 3.9 厘米，小头内径最宽处 4.7 厘米，最窄处 3.4 厘米，在过去均由最有威望的长辈（族长）妥善珍藏。据平寨村瑶族老人的立碑传说和族谱记载，这截牛角每传一代都要讲述'千家峒'的历史和十二节牛角的来源，让瑶民世代不忘自己是盘王子孙。"❶塔山妇女的胸饰则由四个部分组成，两块圆形、一块月牙形、一块方形。圆形银牌是锥形，直径为 5 厘米，顶端是乳钉。方形银牌长 8 厘米，宽 6 厘米，中间顶部也是一个乳钉。月牙形银牌长约 15 厘米，宽约 3.5 厘米，上面布满了一排被"十""X"分割的菱形方格。佩戴时，方形银牌位于胸前中央，两个圆形银牌位于方形银牌的左右两边，月牙形银牌吊在腰部位置。过山瑶妇女的盛装胸饰是 6 到 16 块有花纹的方形银牌。

8.排扣

瑶族排扣挂于胸兜之上，荆竹、湘江地区的排扣是长 5 厘米、宽 4 厘米的银片，中间突起的部分称作乳钉，乳钉的周围錾刻着太阳花，太阳花的外面是配着锯齿纹的正方形框；大圩镇的瑶族服饰排扣长约 6 厘米，宽约 4 厘米，乳钉周围依然錾刻着太阳花，不过，太阳花外面是一个菱形框，菱形框外填充着蝴蝶花纹。

（二）肩饰

《元史·舆服志一》："云肩，制如四垂云，青缘，黄罗五色，嵌金为之。"❷云肩历史悠久，源于元代，由上好的丝缎织锦制成，是平地瑶上装的辅助衣饰，常见于当地的婚

---

❶ 黄石山.瑶族古都千家峒[R].内部资料，2002.

❷ 温海清.元史[M].上海：上海人民出版社，2015.

嫁、坐歌堂、结拜姐妹等喜庆活动中，有对开云肩、四方云肩、八方云肩等多种形态；其上图案有象征两性爱情的鸟含花、凤穿牡丹等，象征福、禄、寿的蝙蝠、桃、仙鹤等以及象征财富的聚宝盆、刘海戏金蟾等，穿着时围绕脖子呈放射状披在两肩或者胸背。云肩形态灵活，无固定款式，瑶民可依据自己的需求改良、调整原有云肩，例如，有的云肩中间为开口五边形，使用红色丝绸布料；还有的云肩在外围增加了彩色丝线编织的网状结构以拓宽面积，并在最边缘处缀满五彩流苏（图2-27），这些流苏随着穿衣主体的活动一齐左右摇摆，具有韵律感，也增加了观者的视觉享受。

图2-27　过山瑶彩珠云肩
（贺州市八步区李素芳工作室藏）

（三）腰饰

1.腰带

江华平地瑶的腰带有两种，一种用于绑系在围裙之上，是长3.5米，宽26.5厘米的红丝绸；另一种和花带相似，宽3~5厘米，长2.5~3米，颜色有青色、红色两种，上面还有多种几何花纹。汇源过山瑶腰带男女样式一样，长约2.4米，两端有宽约34厘米的花边，边缘有红、白、蓝三色宽约0.5厘米的细布条滚边，由五彩回纹、羊角花花纹围合成大"U"形，大"U"形围合空间的底部三分之一部分，多根五彩细条围合成小"U"形，由"木孙"纹填充，剩下部分则是"卍"字纹、塘桶花纹等。湘江地区的过山瑶的男式腰带是血红色长绸，鲜艳的红色寓意温暖祥和，长2.6米，使用时围于腰间，在腰后打结。

2.腰链

从腰后绕至腰侧系扣围兜，绑系于胸兜的扣襻中，长度在40厘米到50厘米之间。大圩镇过山瑶的腰带男女同款，有两种样式，但绑系的位置各不相同，男士穿着时腰带收尾在腰后，女士则在腰前。其中一种为简单的白色家织布，在腰间缠绕并在身后侧收尾，长2~3米，宽15~20厘米，中间部分是黑色平行条纹和泡桐花纹的间隔排列，两末端都有粗、短的须。另一种腰带是扎于围兜之上的花带，长、宽分别为1.1米、1.5米，须长34厘米，颜色以红色为主。红瑶腰带有老式和现代两种。老式腰带有的有挑花，有的是用不同颜色的布连接制成，长约6.46米。经改良后，现代腰带款式呈弧形，长88厘米，宽12.5厘米，带挂钩。

3. 特殊腰饰

有的瑶族支系有专门的腰饰，此时的腰饰不是腰带，大圩镇过山瑶的腰饰就是一根长约2米的黑色布绳，布绳的两端和中间各挂有一条长约20厘米的带穗花带，使用时从腰后向腰前围绕，让中间两根花带垂于腰两侧，两端的花带则垂于围兜中央。花瑶的腰饰由两块红底挑花布拼合而成，每块红底挑花布长24厘米，宽18厘米，下有6条"棕包"和46厘米长的五彩毛线流苏，其上挑花图案的颜色主要为浅绿色、红色、蓝色。

（四）其他躯干饰

1. 银扣

银扣属于瑶族服装中上装的装饰，既具实用性又具装饰性，主要有奶嘴扣、莲盘扣、滚龙扣三种。奶嘴扣由六个圆片围合成球状，每个圆片中间都有一个奶嘴状的圆球凸起；莲盘扣的整体外观像个莲盘底座；滚龙扣则呈球形，上錾刻着抽象的龙纹。过山瑶盛装男子衣扣为16对圆形银扣或铜扣。

2. 马甲

汇源过山瑶妇女穿戴的马甲使用蓝色或黑色土布制作而成，肩宽42厘米，对襟单排盘扣，衣摆左右两侧开衩，腋下开口处外侧是红、黄、蓝、绿等五彩色布料间隔排列的镶边，宽约6厘米，内侧宽约6厘米，外侧镶边与内侧镶边形成了五色弧形彩带，与蓝、黑色的底色对比强烈，极富韵律。穿上这种马甲时，在肩膀侧面看去，环状五彩围合胳膊，极似火红的太阳，有专家认为这环状五彩与瑶人一代代的延续有关。塔山的瑶族习惯在蓝色长衫外套黑色或蓝色马甲，马甲的正面和里面有黑色和蓝色两种布料，正反可以两穿，为对襟式，扣子是盘扣，马甲总长56厘米，至臀部，衣摆宽53厘米，双肩或腋下位置用红、黄二色间隔锁缝，左右对称。红瑶妇女的马甲是黑色灯芯绒布料，总长68厘米，肩宽44厘米，衣摆的宽度是66厘米，门襟有三对红色盘扣，每一对盘扣之间的间隔是12厘米，衣身两侧有长17厘米的开衩，门襟和腋下开口处有镶边。

三、肢体饰

（一）肘饰

1. 银手镯

瑶族银手镯雕刻有龙凤和瑶族传统图案，是瑶族青年男女的定情信物。有代表性的瑶族银手镯，一款是光身圆镯，镯子上的花纹和图案是梅、竹、兰；另一款是光面推拉手镯，这款手镯不分性别和年龄，所有人均可佩戴。在瑶族传统民俗中，小孩要佩戴两个银手镯，一只手戴一个，寓意把小孩子的心灵神魂锁住，这样小孩就会一帆风顺、平安健康地长大。

湖南江永平地瑶的手镯形式多样，圆环状的手镯约1厘米宽，呈竹节状凹凸分布，纯朴简约之中透露着银饰美；中间排珠状的手镯，宽2~3厘米，表面的花纹犹如波浪，起伏有序；錾花银手镯图案复杂，有的有龙犬图案，配蝴蝶花纹和连续排列的其他花纹点缀，并在侧面采用了凹陷的圆形点状錾刻。

江华平地瑶的手镯有奶嘴竹节手镯和竹节手镯。奶嘴竹节手镯宽2~3厘米，因中间的排珠和奶嘴极其相似且凹凸呈竹节状分布，故称"奶嘴竹节"手镯。竹节手镯的宽近似1厘米，纹路同"奶嘴竹节"手镯一样。在穿戴中，奶嘴竹节手镯和竹节手镯是混合搭配的，平时戴三个，两个竹节手镯中间穿插一个奶嘴竹节手镯。出嫁时新娘子每只手需要戴7个手镯，两只手共14个，佩戴规律是4个竹节手镯中穿插着3个奶嘴竹节手镯。

千家峒过山瑶的手镯，造型有的简单，有的复杂，一般由金丝绞花工艺制成，外形呈麻花状，有清晰深刻的纹路，两端采用方便脱戴的开口式设计。还有錾花手镯，宽约2厘米，表面錾刻的花朵、草叶图案，寓意吉祥，精巧别致。

2.银手链

典型的银手链名为"盘王手链"，是将排瑶的盘王印连续几个串连一起而成的。盘王印是皇帝的印章，在特殊场合和特别的节日佩戴，现在平常戴也可以，不分时间，不论男女。

（二）指饰

江华平地瑶妇女的戒指指面宽0.5~0.9厘米，錾刻有喜鹊和梅花纹样，推拉式结构，可根据手指大小调节戒指指环。银戒指是瑶族青年男女的定情信物。最有名的一款是具有瑶族原始韵味的传统戒指——过山瑶戒指。它是利用花丝工艺将两条银丝编织在一起，一共编五条银丝，再将五股编织银丝两头连在一起，寓意五湖四海的过山瑶人民心连着心，团结在一起。这款戒指不论已婚、未婚、男女都可以戴，老年人最喜欢戴，因为可以给人带来安稳感。红瑶妇女两耳都戴银质耳环，但并不是整体材质都是银质，还有轻金属制，外面镀银，每个重10~15克，尺寸有小有大，小的直径50~60毫米，大的70~80毫米，分量颇重。草木灰和火炭是红瑶妇女维护耳环光泽的常用工具。

第三章

南岭走廊瑶族服饰的
实证与特征

第一节　各瑶族服饰的实物见证

　　秦汉时期，"好五色衣服，裁制皆有尾形。"❶描述了瑶人先民早期服饰的用色和形制特征。伴随民族间文化交流频繁，瑶族服饰有了新的发展变化。服饰色彩上出现男女不同，与此同时，瑶人的纺织技术得到长足发展，生产出种类多样的布料，如道州瑶人的"贡白绐"、永州瑶人的"贡葛"。❷到了宋元时期，国民经济中心南移，中原文化对南岭地区的影响进一步加强。这一时期瑶族先民服饰满足了实用功能需求后，开始表现出更多的社会文化内容，纺织与印染技术的进步，为这一变化提供了技术上的支持。宋人周去非撰写的《岭外代答》详细记述了这一时期瑶族先民纺织印染的具体流程与服饰着装风俗，"其酋首则青布紫袍。"❸可见在宋朝时，服饰形貌已具备社会阶级属性的文化标识功能。至明清时，随着瑶族"大分散，小聚居"分布境况的形成，同一民族间由于所处地理位置、经济文化状况的不同，服饰也表现出地方风格与时代特色，与此同时开始具备一定的社会财富特征。即"富者贯以金银大环，贫者以鸡、鹅毛杂棉絮绳贯之。"❹清代傅恒编撰《皇清职贡图》载："女锦缠头，缀以珠玉，项饰银圈，花布巾束腰。"❺记录了这一历史时期兴安县平地瑶女性服饰风貌，从以上文字记载来看，清朝时平地瑶人所穿着的服饰，与今天岭西平地瑶人服饰有大量相似之处，如用锦缠头，颈部佩戴银链，用布巾束腰。不同之处在于如今岭西平地瑶女性上衣外面没有罩对襟衫，只穿着右衽偏襟衣。民国时期，民国政府推行"风俗改良运动"强令他们舍弃传统服饰。《富川瑶族自治县土地志》载："穿右侧偏襟的素净女装。"❻这与现今江华岭西平地瑶女性、富川平地瑶女性穿着的上衣外观、整体风格大体一致。本节着重介绍平地瑶、白裤瑶、花瑶、

---

❶ 范晔. 后汉书·卷八十六[M]. 李贤，等注. 北京：中华书局，1965.

❷《湖南瑶族》编写组. 湖南瑶族[M]. 北京：民族出版社，2011.

❸ 周去非. 岭外代答[M]. 屠友祥，校注. 上海：上海远东出版社，1996.

❹ 王士性. 桂海志续[M]. 北京：中华书局，2006.

❺ 傅恒，等. 皇清职贡图[M]. 扬州：广陵书社，2008.

❻ 富川瑶族自治县国土资源局. 富川瑶族自治县土地志[M]. 南宁：广西人民出版社，2007.

过山瑶、红瑶等几个瑶族支系的服装。

一、平地瑶

一般认为，平地瑶是从盘瑶中分化出来的一个支系，因其主要居住在丘陵和平坝地区而被称为"平地瑶"。"平地瑶"是他称，最早出现于明朝。《江华瑶族自治县志》载："上伍堡，乃平地瑶也。"❶平地瑶自称为"爷尼""爷贺尼""丙多优"，意为"瑶人""瑶话人""平地瑶"。平地瑶大多与汉族杂居，相对于居住在高山的瑶族，平地瑶受汉族文化的影响较深，经济文化也较先进。其主要分布在南岭走廊地区的越城岭、萌渚岭之间的丘陵和平坝地区，即湘南和桂东北地区。从行政区划来看，湖南的江华瑶族自治县、江永县和广西的富川瑶族自治县、恭城瑶族自治县是平地瑶分布最集中的地区，此外，湖南和广西的其他地区亦有平地瑶散居。

（一）湖南江华岭西平地瑶

江华平地瑶族主要集聚在南岭走廊余脉姑婆山西边的山脚下，居住于群山间的小盆地、小坝子中。如今，江华岭西平地瑶聚居内，年轻一代日常多穿着现代服饰，对于传统民族服饰几乎很少涉及，大多只是在节庆的时候穿着。中年女性穿着也较少，但依然能在当地赶圩场时看到一部分人穿着。而老年女性对于民族日常服饰穿着较多，习惯了这样的衣服，她们觉得穿着舒服，同时，她们也认为穿着自己的服饰是表明自己瑶族人的身份。盛装节庆服饰以婚礼服最具特色。出嫁时，新娘佩戴五彩大花冠，盘发并佩戴银耳环、颈部挂银铰链，手腕套数只银镯（数量多为双数），上装内搭浅蓝色或白色汗衫，中层为蓝色缎面无领右襟衣，外层为黑色或蓝色圆领的右襟衣，两边衣袖翻折至肘部，袖口佩戴布满精美刺绣的袖筒，腰部束有红色巾带。新娘下装内穿大裆裤，外围一件大红绣花裙，脚穿大红色绣花鞋。整体着装色彩丰富，新娘看起来端庄大气，温婉动人。在参加重大节庆活动时，头部包帕，上装同样为圆领右襟衣，外罩"蒙心裙"，下装为直筒裤，脚穿绣花鞋。

（二）广西富川平地瑶

在富川县东部丘陵地带居住着我国大部分的平地瑶，他们与汉族为邻，服饰文化受到汉族文化的深刻影响。女子上衣有两件，里衣为传统蓝靛染色而成的青蓝衣，衣袖

---

❶ 江华县志办. 江华瑶族自治县志[M]. 北京：民族出版社，2005.

图3-1 广西富川平地瑶女装
（贺州市八步区李素芳工作室藏）

长但很窄，这样既可以保暖又能防蚊虫，袖口、衣摆以彩色花边装饰；外衣蓝色或黑色，衣服整体较为宽大，衣袖短而宽，在门襟、袖口处装饰有彩色花边。下身一般穿青黑色裤子，脚穿船形布鞋，以前的鞋子为手工制作，现在大多穿简单的黑色布鞋。女子在日常劳作时系有一条过膝的花色长围裙以便换洗，有时还佩戴银手镯等饰品。女子在节庆和婚嫁中所戴头饰与平时是不一样的，平时的头饰简单，颜色也不够丰富。她们用镶有花边的织锦包缠于头上，在折叠后的两角外端插数根银钗和用五色棉线做的毛绒球，头帕包好以后，在后脑勺还会加上一些串珠或者流苏等（图3-1）。

二、白裤瑶

广西南丹县里湖、八圩瑶寨与接壤的贵州荔波县朝阳瑶乡一带，誉称"中国白裤瑶之乡"。白裤瑶，自称"布诺"，又因男子穿齐膝白裤，他称为"白裤瑶"。白裤瑶族拥有悠久的历史，其服饰文化古老而绚烂，早在《隋书》里就有记载："男子，着白布裤衫，更无巾裤，其女子青布衫，斑布裙，皆无鞋履。"[1] 清代的《庆远府志》亦有记载：白裤瑶"妇人不独衣裳不相连，而前胸、后背、左右两袖各异体，着时方以纽子联之，真异服也"。[2] "及膝白裤，背绣大印"，是人们对白裤瑶服饰的普遍印象。白裤瑶的居住地气候潮湿，温差较小，加上生产水平低的原因，所以他们的四季服装变化不大，"一衣多用"是他们的着装习惯。白裤瑶服饰区别不大，下文以广西南丹白裤瑶服饰为例进行分析。

白裤瑶是由原始社会生活形态直接跨入现代社会生活形态，至今仍遗留着母系社会向父系社会过渡阶段的社会文化信息。在《南丹县志》中有关白裤瑶的历史迁徙记载："据历史资料记载及白裤瑶老人讲述，白裤瑶在宋朝前就已从湖南、贵州两省迁到广西南丹，居住在八圩、里湖一带的千山万壑中。"[3]

---

[1] 魏征，等. 隋书[M]. 北京：中华书局，1973.

[2] 广西河池市地方志编纂委员会办公室. 庆远府志（点校本）[M]. 南宁：广西人民出版社，2009.

[3] 南丹县地方志编纂委员会. 南丹县志[M]. 南宁：广西人民出版社，1994.

　　白裤瑶男子的日常服饰整体简洁大方。上衣是以黑、蓝两色为主的对襟衣，下为白色宽裆收腿裤，因白裤瑶历史上是一个游猎民族，男子平时多在山林中打猎或是在田间耕种，这样上宽下紧的设计利于满足他们进行大幅度的日常活动的需求。具体来说，男子上衣为对襟衣，服装颜色以黑色为主，在襟口、袖口衣摆处皆缝制有长约10厘米、宽约6厘米的蓝色布块。后背衣摆中心处和腰侧衣摆处有开衩，亦用蓝色布块作为镶边装饰。上衣全长约为65厘米，肩宽约为42厘米，具体长度会根据男子身形而变化，无特定要求。上衣袖子长至手腕处，亦有蓝色布块缝制在末端。腰部系有一条长约1.5米、宽约5厘米的黑色腰带。上衣前后均无图案，整体造型朴素大方。男子穿衣时通常将衣服敞开或者左右片交叠以腰带系好。男子日常服饰中的裤子是用白色布匹缝制而成的，便装裤子没有任何图案。裤子腰宽约90厘米，裤裆宽大无松紧，裤长至膝下30厘米处并在裤口处收紧，同时在裤口处用宽约6厘米、30厘米长的黑布绕腿一圈作为镶边。由于裤头宽大并无松紧设计，所以平时穿着用黑色腰带连着上衣一同系住即可。头巾是不可缺少的装饰品，采用白色布匹且并无图案。在过去，白裤瑶未婚男子不用戴头巾，但已婚男子必须将头发盘在头巾里，这样在男女聚会的时候才能判定其已婚身份。戴头巾先要将头发盘到头顶或是扎成马尾，接着将白布条从前额中心部位向后两侧包裹，在头上绕一圈到脑后交叉，再放入束好的长发，然后在前额两侧交叉卷紧，最后在脑后留出一段发尾。

　　男子盛装的款式与便装一样，在衣脚、衣襟和袖口都有浅蓝色的布镶边。但下摆的滚边上绣有彩色花纹而且领子和下摆镶绳的层数较多，一般为三至五层，层数越多代表穿着的场合越隆重，穿一件衣服就像穿三四件一样，这是因为在过去物资紧缺，能够穿多件或者厚衣服的人不多，所以采取这样的方式来宽慰自己。便装的腰带为黑色，盛装则系橙黄色或橘红色刺绣腰带。膝前用橘红色丝线绣有"血手指印"图案，"血手指印"由手指抽象简化而来，两个膝盖前分别有5根等宽等距、长短不一的长条，与白色的裤子形成了鲜明的对比，令人印象深刻。总之，便装与盛装的区别是纹饰、裤口镶边以及绑腿的不同。便装的裤口镶有约4厘米宽的黑边，绑腿为黑色，仅在上部系一条刺绣彩条。而盛装的白裤侧面绣有白裤瑶民族特有的五指图案，裤口镶绳除了橘红、黑、白三色绣成的绣片黑色的绑腿外，还会加缠一条橘红色绣片（图3-2）。

　　白裤瑶女子的冬装是立领对襟长袖衣，袖子较长，向外折起15厘米，无纽扣，与男装一样用腰带束紧，门襟的上部为双层结构，可作口袋使用。女夏装为无领无袖的过腰坎肩。因为天气原因，白裤瑶人习惯不穿内衣，在炎热潮湿的夏季穿着这种挂衣，可起到最大限度的散热效果。其结构很特别，前后衣片均为方形的黑色衣片，绣有橘红色花纹的蓝色蜡染绣片，下端镶有宽约6厘米的刺绣蓝色布边，前后衣片的左右均镶着宽约5厘米的黑色布条，左右布条为环形，使得前后衣片在肩部相连。背心两侧不缝合，穿着时直接披挂在身体上，故被称为"挂衣"。前面的布幅是一块纯色的黑布，后面的布幅用染、绣的手法做成各种图案，长度恰好到腰。挂衣结构奇特，绣纹艳丽，装饰性很强。因此它不仅是夏装，也作为盛装穿用。作为盛装的挂衣则更为繁复美丽，后片下摆所缀的绣片多达四层。女装上衣的背面绣有瑶族的代表性纹样——"瑶王印"，白裤瑶也称它为"背印"。"背印"是一种非常规整的组合图案，外轮廓为方形，内部图案由长方形和正方形组合形成。按照组合框架的不同，"瑶王印"可以分为"田""井""回"三种类型。裙子为百褶短裙，裙边和裙面上有蚕丝制成的橘红色面料，据说女子在劳作过程中若不慎被划伤、刺伤，可以

图3-2 白裤瑶男装
（贺州市八步区李素芳工作室藏）

撕下蚕丝布来止血，裙边还有一条用玫红色、蓝黑色织成的菱形几何图案花边。女夏装的这种独特结构，早在乾隆时期的《庆远县志》就有记载"南丹荔波一带瑶族女子不独衣裳不相连而前胸后背、左右两袖，俱各异体。着时方以纽子连之真异服也。"❶无论春夏秋冬，白裤瑶女子都穿由蓝、黑、橙黄、红等色相间而成的短裙。裙长约50厘米，裙摆很大，一般为2~4米，腰部做成有很多细褶并经过蜡染定型，所以裙子的外形蓬松。裙子为一片式结构，裙身不缝合，穿着时在腰前用带子束合，同时围系一块黑色蓝边的长方形挂片，以作遮蔽和装饰，整体外观类似于清朝的马面裙。裙子主要有三组图案：一组为菱形连续组合，一组为连续的人形图案，一组为纯色。

　　白裤瑶女子的盛装与便装的区别主要在于头饰和衣裙的新旧。在需要穿着盛装的场合会穿上新衣新裙，并将挂衣穿在最外层挂衣的后摆还缀有用红色丝线和彩珠串成的璎珞。与男子的绑腿相似，白裤瑶女子便装的绑腿为黑色，有时在绑腿的上部加一条宽约5厘米的橘红色绣片作为装饰。在穿着时，加缠多片颜色鲜艳的刺绣绣片，颜色除了橘红色，还可用玫瑰红色或紫红色（图3-3、图3-4）。

---

❶ 故宫博物院.（康熙）左州志、（乾隆）庆远县志[M]. 海口：海南出版社，2005.

图3-3 白裤瑶女装1
（来宾市金秀瑶族自治县瑶族博物馆藏）

图3-4 白裤瑶女装2
（贺州市八步区李素芳工作室藏）

三、花瑶

（一）湖南溆浦花瑶

居住在怀化境内的瑶族与2000多年前先秦时期的长沙蛮、武陵蛮在族源上有渊源关系[1]。怀化境内瑶族除溆浦花瑶外，服饰均已大众化，只有溆浦花瑶还保留本民族服饰特征。男子一般身着对襟或右衽布扣圆领花边上衣，下穿宽脚长裤，腰扎布带，头上捆花格头巾。女子内衣为白色对襟衣，袖口绣有3~6厘米宽的花边，外衣为蓝色圆领长衫。长衫自腰下分为四片，腰带由多色花布块拼接而成，呈圆筒状，宽约10厘米，长约10米，捆腰时自小腹围起，一直缠到中腰，若一个18寸的细腰缠好腰带后就成了24寸的粗腰了。同时，腰带还可以把一些物体藏在里面。花裙呈筒状，裙长过膝，用黑色土布做成，前面的两块（也就是裙子的两头）用红、黄、蓝、绿等五色毛线刺绣成多种

---

[1] 怀化市民族宗教事务委员会. 怀化民族志[M]. 北京：线装书局，2014.

小型几何图案，如波浪、小船、鱼、长方形、三角形、菱形等，色泽十分鲜艳。据说这两块挑花，代表河流、山川、田园、村庄等。其他三面则是用白线在黑土布上挑有花、鸟、鱼、蛇、虎、龙等各种图案，构思奇异，造型生动。衣、裙均用红布包边，红布作衣扣，小腿用宽约20厘米的长黑布做绑腿，绑腿布边绣有3厘米宽的花边。特别是在这以绿色为主的大山里，更是分外醒目。

（二）湖南隆回花瑶

湖南省隆回县北部的虎形山一带，聚居着瑶族一支仅6000余人的小分支，人称"花瑶"。他们至今仍保持着他们代代相承而又独具个性的民族服饰和淳朴、粗犷的民风。花瑶因服饰艳丽而得名，因此，花瑶服饰之美可想而知。

花瑶女子一般将发结盘在头上，用红、黄等亮色毛线纺织成的结发带，层层缠绕，呈大圆盘状，直径宽一尺有余，外面盖青白色交织的方格布为头巾，并系以缨须、银铃等饰品，五彩缤纷，耀人眼目。头缩着各色毛线或丝线（主要是红、黄色）缀成的结发带和大包头巾，直径一般1尺左右，厚两寸左右。头巾是由一块黑白方格的土纱布做成，两头用红、黄、蓝（或绿）三色毛线或丝线挑绣成许多各式各样精美的几何图形，挂着各种丝线球、亮珠和各色毛线或丝线彩须。但这个大包头缩起来很是烦琐，且体积较大增加了头部负担。1993年，隆回县茅坳瑶族乡的女子主任奉雪妹对这个包头进行了改革：底层用竹子编成模型，中层用布或泡沫做垫，上层用纺织而成的红、黄线或丝线带一圈圈地串在垫上，看起来美观大方，且形状与原始的无异，使用起来省时省力。

上衣对襟无领，开口于胸，里衣稍短一些，但外衣长近踝骨，袖口与衣下摆均挑绣彩色花边或以花布滚边，衣扣以红、蓝布结成，里衣每边6个，外衣每边10个，每两个缀在一边。腰带由圆筒形彩布连缀而成。圆筒裙最讲究花色，裙以粗纱白布为料，前幅以细股彩色毛线或彩线挑刺成菱形、三角形、梯形、矩形等几何图案，裙中、后幅以素色纱线挑刺花、鸟、走兽图纹，裙脚亦以花布滚边。绑腿带以白布为底，边沿绣花，由下而上绑好，形成节节彩色纹路。圆筒裙按照穿着的场合可以分为两大类：一类是日常生活当中穿的，以黑白为主，比较耐用；另一类是在结婚时穿的，颜色鲜艳，但以绿色为主。裙子上绘制的花纹也有两种：一种是由二方连续纹组合的各种几何块，有方形、菱形和长条形多种组合，色彩古朴厚重，这一种图案大多是植物形图案或者是几何形图案；另一种采用结构密集的对称构图，常以"一对虎""一对马""双龙""双凤""双鱼"等偶数图形式出现，这些图案大多采用层层递进的方式制作而成，表现出花中有花的艺术效果，让人眼花缭乱（图3-5）。

花瑶男子的服装比女子简单一些，从头至脚以青色为主，用青色或青白相间的粗布包头，身着青、蓝大襟长衫或短衫，系青、蓝腰带，裤子、绑腿、鞋袜等均为青、蓝、白三色。花瑶女子服饰的艳丽与花瑶男子服饰的简朴形成强烈对比，将女子的秀美与男人的彪悍表达得淋漓尽致。此外，花瑶女子的服饰因年龄不同而稍有区别，中老年妇人的服饰基本与年轻姑娘的一样，只是色彩暗淡，着装简便，包头也比姑娘的略小一些。

四、过山瑶

过山瑶在我国主要分布在广西贺州以及粤北地区，古时由于瑶族人民躲避战乱和压迫统治，翻过一座又一座的大山，最终在深山茂林中定居生活，过着刀耕火种的原始生活，所以这一支系被称为"过山瑶"。

图3-5 湖南隆回花瑶女装
（来宾市金秀瑶族自治县瑶族博物馆藏）

（一）广西贺州过山瑶

贺州的过山瑶根据头饰细分有尖头、平头、包帕三大类。尖头类分为塔形、斜形、小尖头三种，塔形是指尖头服饰的帽饰形状如同金字塔一样，主要聚居在八步区黄洞、贺街、大宁、步头；大尖头服饰稍有斜形，主要聚居在八步区步头、贺街、仁义、鹅塘；小尖头与大尖头服饰相似，但头服更小，主要聚居在八步区公会镇、沙田镇。

平头类分为两种。一是包锦平头：旧时少女初潮后剃光头，头上留三束头发扎成盘瓠嘴、耳样式的发髻，再用长布扎成平头。穿对襟无领的短上衣，扎腰带穿长裤，裤脚上有挑花装饰，衣服背面用大面积挑花装饰。包锦平头主要聚居在贺州市八步区大平瑶族乡、水口镇、昭平县富罗镇。二是缠纱平头：指用白纱线缠成平头，再用锦布带扎在外面，头顶覆盖挑花瑶锦布，穿无领短衣，领口两边装饰有大块挑花瑶锦，主要聚居在昭平县仙回瑶族乡（图3-6）。

包帕类分为单帕和重帕两种。包帕：头饰用黑色单帕包扎，胸饰用银饰、彩珠、瑶锦装饰，上身穿黑色长衣，前短后长，后面折成三角尾形，下穿长裤，裤脚用大块瑶锦挑花装饰，主要聚居在八步区里松、开山、黄洞等乡镇。包帕瑶服饰，现在用于制作男女便装的布料均为市面上较常见的黑色涤棉布料，服饰特点如下，直领对襟及膝的长衫，两侧开衩至腰部，无任何扣子，衣领装饰有宽边挑花锦带，衣襟边及衣袖则有黄蓝白布链装饰，衣袖为普通长袖，扎腰带。女盛装是在便装的基础上加以装饰，例如领口处的锦带装饰加宽一倍，袖口是五彩布条加五六层挑花锦带，长直至手肘位置，袖口处装饰一圈彩色珠串。腰间围有长至小腿处的长围裙，上面饰有各色挑花锦带、小布条与绣花等，围裙底部饰以红、黄两色流苏。裤子多为黑色，现在年轻人也会搭配牛仔裤（图3-7）。

重帕：头饰为多层瑶锦折叠而成的重帕，穿半长黑色上衣，扎花腰带，裤脚用大块瑶锦挑花装饰，主要聚居在八步区桂岭镇天堂村。

图3-6 广西贺州过山瑶女装1
（贺州市八步区李素芳工作室藏）

图3-7 广西贺州过山瑶女装2
（贺州市八步区李素芳工作室藏）

（二）广西金秀山子瑶

位于广西金秀瑶族自治县的山子瑶自称"门"，即大山里的人，属过山瑶支系。山子瑶女子上衣是圆领右襟直袖，衣长至臀部，在衣领处和衣摆有红色为主的刺绣或者彩带压边饰，有较长红色吊穗装饰在右襟上，两侧袖口也有刺绣或者彩织带压边装饰。围裙是山子瑶不可不穿的衣物，在围裙上部同样也有刺绣或者彩织带装饰，下部则有与领襟处同样色彩的吊穗。山子瑶偏爱选择红色或者红色系的颜色作为装饰物。红色在他们的日常生活中占有很大部分，人们觉得红色是喜庆的象征，是艰苦生活里的一抹亮色（图3-8）。

男子的上衣以黑布为主，过去为左衽大襟衣，没有其他颜色的装饰；现在多为右衽大襟衣，在衣领、衣襟、衣摆、衣袖均镶有红色织锦花带，有布扣。同时扎上白色腰带，白腰两端各绣有数朵鸡冠花，腰带两端还会串有十几串金色珠子，珠子一头附着红色坠须，随着人们的动作飘扬四溢。山子瑶男子也有头巾，头巾两端分别用丝线绣有狗牙花，将头巾对折成三层，交叉盘缠好固定在头上（图3-9）。

山子瑶儿童服装的材质与成年人别无二致，同样是深色布打底，男童与女童的款式也是相同的，日常的服装几乎没有其他色彩的装饰，而盛装就是在日常服饰的基础上加上红色的彩带镶边（图3-10、图3-11）。

图3-8 广西金秀山子瑶女装（来宾市金秀瑶族自治县瑶族博物馆藏）　　图3-9 广西金秀山子瑶男装（来宾市金秀瑶族自治县瑶族博物馆藏）　　图3-10 广西金秀山子瑶女童装（来宾市金秀瑶族自治县瑶族博物馆藏）　　图3-11 广西金秀山子瑶男童盛装（来宾市金秀瑶族自治县瑶族博物馆藏）

（三）广东乳源瑶族

乳源瑶族主要分布在必背镇、东坪镇和游溪镇，以乳源境内南水河为界，又划分为东边瑶与西边瑶。东边瑶还分为"深山瑶"与"浅山瑶"，东边瑶包括必背镇、东坪镇和游溪镇所辖区域，其中必背镇和游溪镇的服饰属深山瑶服饰，东坪大部分地域内的服饰属浅山瑶服饰。西边瑶所属地区包括龙南的兰厂、海岱、大坑、牛郎栏冲和侯公渡的坳头等五个村寨，西边瑶服饰与现代客家服饰较相近。在历史上，相比西边瑶，以必背镇、游溪镇和东坪镇为主的东边瑶在生产生活方式上更趋于稳定性，服饰的装饰性更强；西边瑶由于频繁迁徙，在与外界文化的多元交流中，传统服饰呈现不同程度的现代

图3-12 广东乳源瑶族女便装
（来宾市金秀瑶族自治县瑶族博物馆藏）

化，至今，极少再看到具有民族特色的服饰装扮。

在服饰类型方面，根据穿着场合的不同分别有盛装服饰与便装服饰（图3-12），根据性别、身份和年龄的差异分别有女子盛装服饰、女子便装服饰、少女服饰、老年男子服饰、中青年男子服饰、儿童服饰，依据特殊职业类型分别有师爷服饰与歌姆服饰，依据不同的身份形象会佩戴不同的饰物。

瑶族服饰的显著特色之一在于头饰装扮，乳源过山瑶头饰种类多样、造型独特、结构繁复、刺绣装饰精美。在地区划分上，深山瑶与浅山瑶地区瑶民的头饰具有显著性差异；在身份的差异性上，又依据佩戴者性别、职业和年龄的不同而不同，帽式的独特性更加凸显出过山瑶服饰的斑斓性和绚丽性。女子帽式：乳源必背与游溪等地的深山瑶女子佩戴帆形高角帽和山字形帽，其中已婚女子可佩戴帆形高角帽，未婚女子佩戴山字形帽，瑶族歌姆还在高角帽外披挂一条莲花巾，刺绣图案丰富，甚是出彩惊艳。据瑶族服饰传承人邓桂兰描述，高角帽在制作上，先用竹篾和麻藤编成一个基本帽型，再用白布条捆扎，直至包裹竹片不外露，然后在外侧表面套上一块布满刺绣图案的方块布。旧时女子佩戴高角帽前，用蜜蜡和猪油先把头发盘起，并与高角帽支架黏结起，帽饰的佩戴流程较繁杂，《韶州府志》卷十一载："板瑶，载板于首，以油蜡束发粘其上，月整一次，夜以高疲首而卧"，[1]旧时女子戴上这样的角帽可长达一个月不梳洗头，睡觉时也要顶着，现在这样的习俗已经被简化。

乳源东坪浅山瑶等地区已婚女子头上佩戴三尖三角双羽高帽，角帽整体比较具有厚重感，装饰丰富。而未婚女子头上佩戴的双板双羽角帽，帽式后下方向两侧岔开，形似双羽，帽顶后方位置刺绣有松果形纹，是聪慧、果敢的象征。史书《韶州府志》有载："曲江县猺（瑶）人，居县属之西山……因妇人髻贯竹箭，故名曰'箭猺（瑶）'"，[2]浅山瑶又因女子佩戴帽式的特色被称为"箭瑶"。随着现代社会的发展和瑶汉文化的相互交融，近年来还比较流行佩戴简化的圆形平角帽和头帕，在传统节日和表演活动中，各地区越来越多女子一改往日佩戴高帽，转为佩戴平角帽，刺绣头帕更是由于其款式小

---

❶ 广东省地方志办公室. 广东历代方志集成［M］. 广州：岭南美术出版社，2007.

❷ 同❶。

巧轻便而逐渐受到欢迎，在地区差异性上，主要体现在刺绣图案的种类和排布上。由于传统的高角帽结构繁复，体积较重，佩戴流程复杂，现在只有极少部分年长的女子还记得其制作方法（图3-13）。

必背与游溪男子系扎白色头巾，头巾中间配有一幅方块刺绣，两端配有条状刺绣，系扎时先包裹头部，向前额交叉，然后绕向后脑勺处打结，剩余两端自然垂下。东坪男子系扎黑色头巾（或白色头巾），头巾包裹后，两端向前塞起，形成两角，在造型上极具特色，过山瑶生活在南方深山中，系扎头巾具有保暖御寒、防止刮伤的功能作用，这种装饰的民族文化特色还体现出远古犬图腾崇拜观念之遗留。深山瑶与浅山瑶地区师爷帽款式相似。在包裹头巾的基础上，加戴一顶师爷帽，帽上以刺绣花纹图案和红绒球作装饰，图案整体丰富精美，在古

图3-13 广东乳源瑶族女装
（来宾市金秀瑶族自治县瑶族博物馆藏）

代传统社会中，瑶族师爷在族内拥有较高的权威和地位，是做法事的主持者和人神沟通的桥梁，根据传统习俗，得由三位绣娘共同刺绣方能驾驭师爷帽制作。

在过山瑶儿童服饰中，最具特色的是儿童绣花帽。深山瑶与浅山瑶地区儿童绣花帽样式相似，款式精巧，刺绣图案装饰丰富，都在帽顶和帽檐等处挂有红绒球和铜钱装饰，具有吉祥、辟邪的寓意，体现着母亲对小孩深厚的关切与爱意。大人使用背带来背小孩，背带款式彰显瑶族特色之处在于背带主体布上贴着一块方形刺绣图案，刺绣以黑色布为底，搭配五色丝线，图案呈"回"字形框架，构图饱满，刺绣一针一线皆蕴含着母亲对孩子平安、健康成长的美好祝愿。旧时女子在头饰上佩戴三角绣花巾，与粤北连南排瑶地区女子佩戴的刺绣三角巾款式相近，在靛青色土布上刺绣，布纹格子较细，绣工精湛，图案精美。

乳源过山瑶各地区女子盛装服饰在腰部系扎腰巾，深山瑶与浅山瑶女子腰巾款式相似，其中深山瑶女子系扎腰巾的方式独特，一条卷起紧紧地系扎于腰部，两端向内塞起固定，另外一条则缠绕于胯部，腰巾中间的方块式刺绣图案在后臀上方露出，两端向胯部两侧塞起固定。通常，女子盛装服饰在腰部缠绑一条织锦腰带，腰带用红、黄、绿和白色线编织而成，图案纹样色彩变化丰富，寓意吉祥，寄托着瑶族人民对生活的祈愿。传统的织锦腰带由手工操作织锦机编织而成，色线搭配精密，制作流程复杂，由于年长的传统手工技艺制作者逐渐老去，这项传统的手工技艺濒临失传。在瑶族支系中，过山瑶常年迁徙，

多次搬家导致传统大物件难以获得留存，现乳源境内未见有手工织锦技艺制作，织锦腰带多数从集市上购买所得，如今机械化生产再制作也使织锦腰带获得新的发展生机。

深山瑶女子在腰部系绑围裙，用黑白或蓝白两种颜色的棉麻土布拼接制作，样式素简，适合劳作之需。浅山瑶女子系绑长围裙，上端挂于脖子处，围裙中间左右两端的带子向后腰方向缠绑。深山瑶与浅山瑶女子都系绑后腰帕，其样式不同，一般在节日上搭配盛装穿着，增加了盛装的层次感。深山瑶女子系绑白色绑腿布，有时在白色布上进行彩色刺绣，浅山瑶女子则系扎靛青色绑腿布，不做刺绣。总之，乳源过山瑶地区女子穿长衫，系腰巾和围裙，打绑腿，适合南方深山潮湿、凉爽气候，由于常年行走在崎岖的山路上，打绑腿可防止刺伤或刮伤，兼具装饰审美与实用功能。

深山瑶男子与女子出门时常背有一个伞袋，由靛青色土布制作，袋子布满精美的刺绣装饰，集人形纹、动物形纹、植物形纹、钉耙纹等多种纹样于一体，伞袋是普通大容量白色扛物袋的演变，具有可装物品的实用性，同样适应上山劳作之需，是乳源瑶族人民传统耕山生活的生动写照。除了伞袋外，随身携带的饰品还有挎包，也是以黑色土布制作，在底布进行抽丝装饰，主布面以横向二方连续刺绣多种纹样，色彩古朴艳丽，上方还绣有"过山瑶字形纹"与"出入平安"汉字的组合，显示出瑶族在新时代发展中与汉文化的多元融合与交流，表达平安、吉祥如意。

过山瑶男女服饰中搭配的银饰物有银牌、银耳环、银手镯、银戒指和铜钱等（图3-14～图3-17），深山瑶女子服饰有时在长衫胸前两边各缝有一串银牌，旧时银饰是用于判别家庭财富的标准，银饰款式越多、越精致，说明家中生活越富裕。在传统节日如"盘王节"等举行庆祝活动时，女子分别穿上有银牌装饰的服饰参与民族节庆活动，显得美观大方，亮丽出彩。另外，银饰还具有消灾除魔、保平安健康的寓意，亦是对美好生活的祈愿。瑶族在历史上是一个常年迁徙、多灾多难的民族，在服饰装束上银饰物装饰较少，其中特别之处在于，女子喜在织锦腰带的两端分别缠绕一串铜钱，缠挂于两股之侧，暗含生殖崇拜，也是犬图腾崇拜信仰表现在"犬尾饰"服饰形制上的体现。

图3-14　银手镯
（来宾市金秀瑶族自治县瑶族博物馆藏）

图3-15　银胸牌

（来宾市金秀瑶族自治县瑶族博物馆藏）

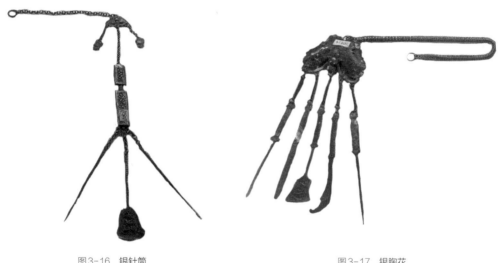

图3-16　银针筒

（来宾市金秀瑶族自治县瑶族博物馆藏）

图3-17　银胸花

（来宾市金秀瑶族自治县瑶族博物馆藏）

五、红瑶

　　红瑶是瑶族的一支，有着源远流长的历史文化，早在汉朝就活动在古称桑江这块偏僻的山地上。以木叶覆屋，穴居山野，为了生存，种桑养蚕制丝织布，挑花刺绣，种蓝靛染布，制作民族服装，今龙胜古称桑江因此而得名。粟卫宏先生著的《红瑶历史与文化》一书中提道："红瑶之名，应来源于服饰上的花色，即因红瑶女子服饰各色花纹图案以大红色为主而得名。"[1] 红瑶女子的衣着随着年龄的增长，其服饰色彩也会从鲜艳活泼的红色逐渐变为稳重的深蓝色或黑色。未婚嫁的年轻女性上半身穿的是精心制作的

---

❶ 粟卫宏.红瑶历史与文化［M］.北京：民族出版社，2008.

图3-18 广西红瑶女装
（来宾市金秀瑶族自治县瑶族博物馆藏）

织衣，下半身搭配花裙或青裙。所谓"织衣"是整件衣服用鲜艳的红色丝线用织布机织出来的，是当地的特色。中年女子穿"花衣"，搭配花裙或青布裙，这一类"花衣"的颜色是半红半黑，采用刺绣和织布两种工艺做成，织的工艺与年轻女子的服饰一致，而刺绣是以自己家的青粗布为底，用红、绿、紫等丝线在前胸和后背绣出各种动物植物的纹案。年纪较大的女子喜欢穿黑布上衣，仅仅在袖口或衣服下摆边缘绣花，下身为有滚边装饰的青布裙，深色的衣服更显得年长者气质沉稳（图3-18）。

红瑶裙子有青裙与花裙之分。青裙用青布制作，因为是在平时劳作时穿着，磨损较大，所以不必太过精致，制作步骤相对简单，没有花纹和裙褶。花裙分上中下三节，上半节是纯青色，没有任何图案的填充，中间部位用蜡染绘制花纹图案，下摆用红、绿相间的小块丝绸缝制，裙子也会包花边，这样更耐穿。裙子褶纹上窄下宽，分上下两个部分进行固定，下半截做100多行细褶，而上半截褶的数量是下褶的两倍，具体数量根据尺寸调节，这样捆出来的裙褶纹路清晰且不易模糊。如此细致的工艺使得裙身伸缩性很强，对于生活在大山里的瑶族人民来说，十分便于穿着。在青裙、花裙的裙头有束带，这样方便调节，裙后面有白色垂带，当地人称之为"东把"。"东把"制作精细，在细白布上用丝线绣出微小的花纹图案，因个人年龄、兴趣差异，花纹样式丰富。彩色腰带是每套服装不可缺少的，无论穿盛装还是便装都须系上，一是固定上衣方便劳作，二是装饰的作用。腰带以红色为主，上面的纹路是直粗线条，纹样丰富，每个不同的纹样都有几种不同的格花，同时混入绿色、白色等丝线调色，色彩相当丰富。

六、其他支系瑶族

（一）云南河口瑶族服饰

河口瑶族自治县是我国云南省唯一一个以瑶族为主体的自治县，交通十分便利，铁路、公路和水路交叉汇于县内，同时也是我国与东南亚各国开展经济往来的边境小城之一。据瑶族现存的家谱、信歌记载和墓碑调查，瑶族进入河口地区定居约在清朝乾、嘉年间，至今有大约300年。其迁徙路线大都是从湖南经广东转广西，经文山或临安进入，亦有部分从广西转道越南再进入河口。

红头瑶：自称"棉""孟""洞斑黑尤"，意为"瑶人"，因女子戴大红头帕，故他称为"红头瑶"。女子的红头帕装饰颇多，看起来甚是美丽，在头帕四角和正中间点缀有乒乓球大小的红色珠串绒球花穗，身穿长袖黑色对襟上衣，无衣扣，穿时交叉叠于胸前，再用腰带和围裙绑住。上衣从袖口至胳膊肘拼接绣有花纹图案的绣布，门襟处也装饰有绣布，上衣背后绣有方形花纹，衣服后领镶小珠串花穗，胸前装饰有银排扣和红色小绒球花边。下穿黑色长裤，从裤脚至膝盖处绣有花纹图案，在腰部系一条绣满花纹图案的长围裙。男子带黑头帕，帕子两端绣有花纹图案，且缀有须穗，穿斜襟衣，在袖口绣花，背部同女子上衣一样绣有方形花纹图案，并缀有须穗，背部的图案称为"盘王印"。

蓝靛瑶：自称"秀""秀门""门""喉闷"，意为头戴蓝布的"顶板瑶人"，以染蓝靛著称，故他称为"蓝靛瑶"。女子穿着圆领、斜襟过膝长衣，衣服两侧开衩到腰部上面一点，前后衣服向上提起翻卷在腰带上固定。衣服领口饰有银扣，另外还下垂有红珠线流苏，腰间系花腰带，带子上缀有黑白小珠串和红色珠线，下穿黑色长裤，裤脚向上反折，露出天蓝色布条边，天气炎热时穿长及膝的短裤。女子的头饰较为特殊，首先在头顶戴上，用竹壳或薄板制成直径15厘米的圆板，再将头发由前额左右均匀分开，盘于头顶，将圆木板固定，然后用深蓝色布将圆木板和头发全部包住扎好。男衣又分内外两件，里衣当地叫作"召襟衣"，斜襟长袖无衣领，下可长及腰，衣前布扣成单数；外衣称"开门衣"，实际为坎肩，对襟无袖无领褂子，左右有口袋，在袖口、纽扣、衣领和袋口边沿缀有小花，下着深色长裤（图3-19）。

白线瑶：他们自称"黑尤蒙""耿闷""敬底闷"，意思是"住在大山上的瑶人"，因女子头帕两侧下垂有白丝线，故他称为"白线瑶"。女子头包黑色帕子，在两耳上方缀白线垂于胸前，身穿蓝青色圆领斜襟的长衫，领口垂有红珠

图3-19 云南河口蓝靛瑶女装
（来宾市金秀瑶族自治县瑶族博物馆藏）

线、装饰银扣，衣服腰部两边开衩，在下衣摆、袖口镶红色和蓝色条边。下穿青色长裤，左腰系花腰带，腰带两端点缀黑白小珠串，在穿的时候把长衣前两角向上翻折卷好，并别在腰带里面固定，同样喜好各类银饰。男子上衣款式与女子相同，但是在领口和衣襟纽扣处拴吊白线流苏。缠着纯色布头帕，夏天穿半截裤，天气变冷穿长裤。

沙瑶：自称"黑尤蒙""耿底闷"，意为"住在山底的瑶人"，长期与壮族的"沙人"相伴，听懂甚至能够使用沙语，故也称"沙瑶"。该族群女子的衣服款式与白线瑶很相似，不同之处在于沙瑶的衣边、袖口、裤脚边镶的是红色边条，男装与蓝靛瑶的男子相同。

（二）广东排瑶服饰

历史上，排瑶男女老少留着长头发，盘结头顶呈圆锥形。为了美观，他们会在发髻加缠红、绿、黄色的绒线，再插上一至三支当地盛产的雏鸡尾羽，脖子的手上都戴有数个银圈饰品。这是一般男女共同的装扮，单从服装上不认真看是不容易辨别男女的，但其实男子和女子的头饰有明显的区别。男子裹的是红色头巾，盘起来体积会更大一些，鸡尾羽也是大且硬挺的长羽毛，显得男子的形象更为高大威猛；而女子裹的是绣花头帕，在头帕里面还包着串珠子或者是某种植物的海绵状木芯，插的鸡尾是白色柔软的小型绒毛，除此之外女子也会插上银簪、小野花等装饰，显得十分秀丽端庄。不过，披有头帕是已婚女性的标志，未婚姑娘头上是不盖头帕的。排瑶男女都是穿无领无扣开胸的上衣。上衣较为宽大，衣长超过臀部，穿着时，衣服前襟交叉叠于胸前，再用腰带缠住，男子缠红腰带，女子缠黑色或白色腰带，下穿黑色及膝短裤（图3-20、图3-21）。

排瑶当地的土布结实耐用，加上衣边贴上花边或白布边，看起来简洁大方。排瑶也有绑腿，颜色主要有黑白两色，但是边缘会有其他颜色的装饰，缠的时候从脚踝缠至膝头，与短裤裤脚相接。以前人们穿草鞋或布鞋，后来开始穿胶鞋或解放鞋，当地没有做鞋子的习惯，所以鞋子都是从周边民族人民手中购买的。儿童的服装与成年人的款式相差不大，只是在尺寸方面有所变化，男童服饰黑色居多，女孩的裙子用彩色布来制作，儿童的头帕上还会有银制或铜制的响铃装饰（图3-22、图3-23）。

图3-20　广东排瑶女装
（来宾市金秀瑶族自治县瑶族博物馆藏）

图3-21 广东排瑶男装
（来宾市金秀瑶族自治县瑶族博物馆藏）　图3-22 广东排瑶男童装
（来宾市金秀瑶族自治县瑶族博物馆藏）　图3-23 广东排瑶女童装
（来宾市金秀瑶族自治县瑶族博物馆藏）

（三）广西贺州其他瑶族服饰

1.土瑶服饰

女子穿黑色长衣，外加蓝白的超短唐装衫，戴平顶木帽或竹帽。以前土瑶的小女孩都剃光头、戴瓜皮小帽，到十四五岁时改戴狗头帽，故而当时土瑶也被人们称狗头瑶。土瑶女子戴平顶帽也有讲究，父母会为女儿举办戴帽仪式，一旦戴上竹帽即标志成人。男子头饰为白毛巾裹头，上装与女短装同款，由白色内衬和蓝色外衣组成，下装为宽腿大脚裤。女子穿黑色长衣，紧身短裤，用毛巾作脚绑，头饰用桐木皮制成；男子用白毛巾裹头，有蓝白两件短唐装，穿宽大超长的脚裤。关于土瑶男女上衣较短而裤子大而长，当地也流传着这样的说法：因为土瑶是最先来到此处生活的瑶族，其生产力水平不高，为了保卫自己的家园，威慑外来的移民或是侵略者，所以瑶族将衣服的比例进行调整，一群人穿着改造后的服装，从远处看会显得人高大威猛，有利于吓退外来人。女子平时生活中的头饰较简单，佩戴时，将头帕前端围在额头，两角转向脑后叠成尖形、打结固定即可。而男子的头帕上会刺绣有一些字形，关于是什么字形还没有一个统一的说法，一般认为是女书，其内容是一个女子将对男子的爱意通过一首诗来表达，将诗绣在头帕上让男子懂得自己的心意（图3-24、图3-25）。

2.尖头瑶服饰

在尖头瑶服饰中，东山、西山、小尖头三支尖头瑶的男女服装几乎相同，不同之处主要是尖头的大小、制作材料。尖头瑶女便装也称平装，上衣装饰简单，只在衣领襟装饰有约 6 厘米宽的挑花锦带镶边，在衣脚边和两侧开衩处加宽边蓝布镶边。袖口为红白布与宽蓝布镶边装饰，无扣，通过腰带来固定上衣，其余为素面。三支尖头瑶的女帽式样都是尖头样式，历史上尖头瑶族的女子都在头顶梳一个锥形发髻，在发髻中间竖一根木棍，头巾绕着发髻包裹，最终形成的帽心是上小下大的金字塔形状（图3-26）。尖头瑶的男装基本相同，男女服装的挂饰、挑花织锦工艺和图案基本一致。

图3-24 广西贺州土瑶女装　　　　图3-25 广西贺州土瑶男装　　　　图3-26 广西尖头瑶女装
（来宾市金秀瑶族自治县瑶族博物馆藏）　（贺州市八步区李素芳工作室藏）　（来宾市金秀瑶族自治县瑶族博物馆藏）

3.高山瑶服饰

高山瑶女装为圆领上衣，右开襟，搭配盘扣，服装主体为蓝色，衣长及腹。在衣领边与襟边处贴有挑花锦带，在腰上系与衣服同色的挑花围裙。下装为挑花长裤，裤脚镶有一圈约 10 厘米宽的彩色花边，有时扎绑腿。高山瑶女性喜佩银饰，有头钗、耳环、项圈、腰链、手镯等。男士头裹墨绿色头巾，老人在缠头时末端会塞入帽盘中，年轻人把末端从左耳上侧帽顶处垂下至肩处，且末端饰有挑花锦带与五彩流苏。男装上衣为立领对襟衫，前襟处有6组盘扣，衣两侧开衩类似"唐装"。下装为普通长裤，裤脚饰以与帽子同花式的宽边锦带。

4.红头瑶服饰

以女子头饰包红布而得名，这支瑶族服饰实物资源保存下来的很少，特别是女装至今也没有发现一套完整的服饰留存下来，人们只能在平时的演出服中找到一些原来传统服饰的样式。男子常用数条头巾缠绕成一个圆环，头饰直径大如面盆，外层再围一条3厘米宽的红色花带，加以修饰（图3-27）。

女子从小不留长发，先用白色纱线缠头，然后戴上与男子头饰一样的白色圆环，但是圆环要配上数个花带和串珠流苏；女子穿耳洞喜戴耳环，身着无领开胸素色上衣，大红色为主的胸兜，胸襟绣有一些几何图案花纹，在衣襟处挂有多个银牌，肩上披有长至背中部的花背裙，背裙绣有各种花纹，看起来十分精致；缠绣花腰带，男女盛装都围上绣花围裙，女装裤脚绣有复杂的几何图案花纹，男装则是黑色长裤（图3-28）。

图3-27 广西贺州红头瑶男装　　　　图3-28 广西贺州红头瑶女装
（来宾市金秀瑶族自治县瑶族博物馆藏）　　（来宾市金秀瑶族自治县瑶族博物馆藏）

5.花蓝瑶服饰

花蓝瑶的服饰用蓝黑色棉纱布作基料，绣上奇特的花纹图案，有兰花、银子花、玉米花、山茶花、八角花、辣虫花、龙鳞花、水车花等。花蓝瑶男女衣服均无扣，着装时对襟重叠，用白腰带束紧，下端齐膝（图3-29）。花蓝瑶女子平时一般穿2件上衣，特殊情况下最多有穿数件以至10件上衣的。

图3-29 金秀县六巷乡花蓝瑶男装
（来宾市金秀瑶族自治县瑶族博物馆藏）

6. 开山瑶服饰

女装上衣为黑色，直领对襟，在制作袖口不加绣花边，只在前襟位置饰挑花锦带装饰，其余全为素面。该女装最大的特点是前后衣片差距大，前衣片长至腹部，后衣片长至脚踝处，平时习惯把后衣片一角塞于腰带处。每逢节庆，就将后幅放下。开山瑶未婚少女多戴彩色绒帽，已婚女子用一块四方黑布作头帕，边沿用蓝色布镶边，将头帕盖在头上后，用锦带或挑花小布条系扎。男装简单朴素，几乎没有装饰，帽、衣、裤全身只用黑、蓝、白三种颜色。上衣为黑色立领中衽对襟衫，式样类似唐装；下装是黑色大裆裤，小腿扎绑腿。男帽以一块镶边黑蓝边布沿头四周包裹而成。

7. 仙回瑶服饰

女装上衣为黑色、圆领、中衽、对襟，衣长至臀部，领口及前襟两边到腰处装饰大块挑花瑶锦，衣袖口有绣红花边，衣脚下镶有花边，腰扎绣花腰，胸前挂围兜，并系挑花小围裙。下装为长裤，特色之处在于从裤脚口到小腿之间的挑花瑶锦。仙回瑶的帽子采用白棉布或白底黑小格棉布缠成帽箍围于脑门四周，在帽箍外的前额处缠一块锦布，人们称之为额锦，然后在额锦外用红丝带绕帽箍四周绑系，最后于头顶处再盖一块长方形锦称顶锦，顶锦边有彩珠和红黄色线穗坠于两耳处。

8. 坳瑶服饰

历史上，男子留长发、梳发髻，在发髻上插银质圆形小头针，固定在头顶正中，然后缠白布头巾，现在年轻人多是短发，所以直接缠头巾，头巾中间绣有龙形花纹图案，在缠头巾时要把图案展示出来。衣服多为黑色或深蓝色，大领对襟衣，缠白色腰带，裤子为黑色或是蓝色长裤。当地竹林广阔，为坳瑶的生存发展做出了很大贡献。坳瑶女子喜欢戴竹壳帽，竹壳帽就地取材，用竹笋的嫩竹壳折叠而成，颈上戴有数个银环，衣长过腰无衣领，上衣会绣制各种几何纹样或其他纹样，裤子较为简单，大多只在裤脚做些装饰，裤短不过膝，膝下裹绑腿（图3-30、图3-31）。

图3-30 坳瑶男装
（来宾市金秀瑶族自治县瑶族博物馆藏）

图3-31 坳瑶女装
（来宾市金秀瑶族自治县瑶族博物馆藏）

第二节　瑶族服饰的装饰特征

　　服饰品作为服装的点缀或补充，搭配得好有画龙点睛之效，可以衬托出个人独特的气质，反之则会破坏服装的整体美感。服装与服饰品要相匹配。花哨的服装与色彩淡雅的饰品相匹配，比如服装有许多花边，那么其他部位多以单色为主，以免互相冲突。在色彩上，如果服装色彩基调过于沉闷时，就采用较为亮丽的饰品加以丰富，因此，银饰品就成了瑶族人民的首选。在造型设计中，当服装重心产生偏移时，可用饰品加以平衡，达到静中有动的艺术美感，所以大部分瑶族的服饰搭配有彩色吊穗或者流苏，让服装变得很灵动。

一、装饰手法

(一)绣

瑶族女子在绣梧桐花纹的配搭应用上是非常出色的,她们在头帕、伞袋、布袋、上衣胸花上进行纹样组合,将填充的艺术手法运用得灵活多变。例如,女式头帕中的三对梧桐花形纹在头帕两端对称呈现,三朵完整的白色梧桐花之间点缀了两朵红线绣成的呈影像对称的上下主花,整体上简洁大方。还有的组合加了人形纹和松果纹(有的称为树纹),其中一个梧桐花形纹还同时用了红、白两色搭配,端庄中透出灵巧,与整幅纯色绣帕形成鲜明的简繁对比,视觉效果强烈且耐人寻味。

(二)染

瑶族扎染的历史,在宋代周去非的《岭外代答》中就有记载:"瑶人以蓝染布为斑,其纹极细。其法以木板二片,镂成细花,用以夹布,而溶蜡于镂中,而后乃释板取布,投诸蓝中;布既受蓝,则煮布以去蜡,故能变成极细斑花,炳然可观。故夫染斑之法,莫瑶人若也。"❶瑶族扎染的成品为白色花纹、蓝黑底布式样,一般用于女子的头帕、头套外饰、小孩背带披风以及部分裙子。瑶族扎染工艺中的扎法独特,包括针绣、压挑、线扎方式;染料取自当地野生的蓝靛草或是其他能够染出色彩的野草,也有部分瑶寨因为物质匮乏而选择在挑夫的手里购买染料、彩色线的成品,以及其他装饰配件。

除了以上说的扎染,还有枫香脂染,又叫粘膏染。枫香属金缕梅科落叶乔木,树皮灰褐色,夏季人们拿砍刀在枫香树干处割裂树皮成"V"形口,使树脂流出凝聚,到了秋冬季收集树脂,除去树皮阴干即得枫香脂。河坝瑶族用枫香脂作为点花的材料主要看重其渗透力强,再者有益于身体健康。使用前将枫香脂与牛油按一定比例混合,在文火上熬成液状,用画刀蘸一点就可以在布料上绘制各种图案。因枫香脂与牛油混合物的渗透力比蜡强,在布料浸泡上色时,其附着的花纹与染料隔绝,最大限度保留原有图案。瑶族女子在自织的棉布上绘图案,然后染布,脱脂晾干即可。传统绘制粘膏图案比较耗费时间精力,一般选择在年中农闲时间或春节前后,这段时间的温度适宜绘制粘膏,固色更牢靠,图形不易脱色。不同的季节所制作的粘膏图案的色彩略有差别,这是不同的温差造成的。

---

❶ 周去非. 岭外代答[M]. 屠友祥, 校注. 上海: 上海远东出版社, 1996.

二、装饰形式

（一）贴近生活的纹样题材

服饰图案是瑶族的民族符号，在衣服上绣上图案是想得到盘王的庇佑、感怀盘王的恩泽。刺绣图案还承载了民族的记忆。瑶族人民大多长期在深山密林中居住，与外界信息相对隔绝，但是却与山中的自然万物联系紧密，因此山中的所见所闻皆成为瑶族女子们刺绣创作的灵感源泉，如人形纹、马头纹、小草纹、松果纹、山川河流纹、大蛇纹、盘王印等纹样，这些丰富的刺绣图案正组成了一部记录瑶族记忆的史书。我们也可通过刺绣图案进行身份识别。由于瑶族在迁徙繁衍过程中形成了许多支系族群，瑶族服饰上的图案便形成了具备地域特色的支系图案特征。因此，除了民族的象征意义外，刺绣图案还具备瑶族内部身份识别的作用。"一纹一情，一纹一寓意"是瑶族服饰纹样存在的最主观因素，是瑶民祖先崇拜、图腾崇拜、宗教崇拜的重要载体。纹样不仅可以增强服饰的美观性，还可以加强衣服的耐磨度，延长衣服的使用寿命。瑶族服饰纹样的基本类别有植物纹样、动物纹样、图像纹和汉字纹。

一是源于自然的植物纹样。所谓"南岭无山不有瑶"，无论是最初的深山中，还是后来的涧水边，瑶族民众目之所及都是自然万物，而女子与大自然更是有着最直接全面的接触，生活中喜闻乐见的山、树、草、花等成了她们创作的主要题材。高山密林中，竹子、树木是最常见，也是被利用得最多的植物之一，且受汉文化中竹子代表高洁的影响，竹叶被大量运用于平地瑶织锦中，有单竹叶花、双竹叶花之分，其既可做主花，也可做挡头边饰。另外，代表太阳光芒的八角花，芙蓉花及其变体，也是平地瑶织锦中较常见的植物纹样。植物纹样取材于广阔浩渺的自然界，张力大、包容性强，每一种微小的植物都可以成为植物纹。生命树在瑶民心中有联系天地神灵的功能，并赋予其"芝麻开花——节节高"的积极进取寓意，将其绣在头帕上，每三五棵组成一排，排列成片就能够保佑小孩获得强大的生命力。禾苗纹寄托着丰收的期盼，瑶族人民希望在收获的季节劳有所得，硕果累累。在不同的植物花纹中，最常见纹样就是花纹、鸟形、八角花纹等，这些不同形状的花纹都取自大自然中的花、鸟、八角花。

二是源于生活的动物纹样。一类为抽取日常生活中常见的飞禽走兽的某个部位或者整体，另一类则出自传说故事中的动物造型。艺术来源于生活又高于生活，日常生活中被赋予了特殊意义，比如，蝴蝶在瑶文化中的含义和汉文化中的鸳鸯、凤凰类似，代表着美丽和吉祥的蝴蝶成为大多数女子的首选对象。蝴蝶花广泛存在于平地瑶织锦中，但是，蝴蝶花较少单独成主花出现，往往与动物纹或者其他纹样一起组合而出现，勾勒出大方又不失可爱的形象，且栩栩如生。而在日常生活中占据了重要地位的家禽——鸡的鸡嘴，也频频出现在平地瑶织锦中。鸡嘴花有单鸡嘴花、双鸡嘴花，一般用于挡头边饰，作为主花出现的往往是双鸡嘴花，且这种情况很少。除此之外，鸟的翅膀、狗、人像等也是平地瑶织锦中常有的纹饰。常见的动物纹样有犬纹、蝴蝶纹、鱼骨纹、乌龟纹、蜘蛛纹等。瑶族由于崇拜始祖"盘瓠"，便将"犬"作为祖先，为了满足祖先崇拜，"犬纹"应运而生。

三是源于想象的图像纹。受织锦工艺的影响，平地瑶织锦较少出现大幅画面的纹样。此时，简略神秘的几何形纹样成了首选。人们以几何形状为基础，经过搭配组合，以抽象还原出某些景物或者某些意义，只可惜，平地瑶织锦中，绝大部分几何纹样的具体含义今人已经无法解读。几何纹可以构成骨架，也可以用来做挡头边饰，如齿纹、水波纹。几何纹强调单纯抽象之美，大部分时候以排列重复的形式出现，能让整个图案呈现出一种韵律感。人形纹与瑶民的日常生活相关的事物有着密切联系，有阡陌纹、窗户纹、房屋纹、四方格纹、铁耙纹、山纹。字形纹有"回"字纹，"王"字纹、"寿"字纹、"福"字纹、"天"字纹、"土"字纹、"夫"字纹等。

四是源于汉文化的汉字纹。汉字平面构成的性质决定了只要任意发挥就能生成很多图案的性质，因此，汉字纹饰造型构成形式，有诗句、民谚，也有单字。汉字的出现以瑶族八宝被最多，一是面积够大，可以很好地融入结构复杂的汉字，二是八宝被是孩童用品，汉字的美好寓意符合瑶族人民对孩童的真切祝福。瑶族织锦中这些文字的选用，体现出瑶族人民对汉文化的接受。在瑶族文化元素的图案表现中，以织锦、刺绣、镶嵌为代表。瑶族喜好大面积使用深色，但在局部会运用刺绣、镶嵌的手法来调和，用工艺精湛的细节装饰来彰显图案的烦琐和华美。

（二）主观能动的纹样造型手法

1. 衍生的主题形象

不论是刺绣还是织锦都可以看作为一个矩形单元，而人们所呈现图案纹样的组合，一部分是遵循传统固定的组合方式，也有一部分是随织造者的主观意愿进行搭配。比如一幅太阳花由多个星星纹和一个八角花组成，八角花的大小以及外围星星纹的数量都是可以变化的，没有固定的数值。再比如始终保持双手举起的人纹形象颇为生动有趣，但其造型并非千篇一律、一成不变。除了与动物纹搭配平行排列外，还可与波浪纹、折线纹、万字纹组合，而在不同的搭配中所指代的寓意也不同，比如同样是波浪形组合，有的人称为山水，有的人称为山路灯，这些不同类型全凭当时的感觉织就，按自我的审美和兴趣进行搭配。瑶族服饰在绘制图案时，线条是不存在任何弧线的，角度只有90°、45°、180°三种，所以基本图案形状也只有四方形、直角三角形、齿状线、菱形等形状。各种纹样连续重复的组合形式，线条转向带有着高低快慢节奏的韵律感，整体是均衡且对称的样式，具有浓厚的视觉审美特点，同时给予看似简单的图案更多的文化内涵。

2. 意向深入的平面切割

随着人们对审美需求的深入，为了视觉上的美感会在服装上附加分割线。通过这些分割线的方向、线形的变化及错视现象与形式美法则的综合运用，形成夸张、修饰、均衡、有节奏的局部造型，从而引起服装设计视觉艺术效果的改变。[1]瑶族不论男女，服饰的底布多为蓝色或黑色，日常的服装更是以洁净为主，但是通常会在袖口、衣领等镶有彩色线作为装饰，以增添服饰的层次感。瑶族的腰部装饰也是种类繁多，例如，江华平地瑶的腰带有两种，一种是绑系在围裙之上的红丝绸，另一种有青色、红色，上面还有多种几何花纹。广东汇源过山瑶腰带男女样式一样，两端有花边，边缘有红、白、蓝三色宽约0.5厘米的细布条滚边，而湘江过山瑶的男式腰带是血红色长绸，鲜艳的红色寓意温暖祥和。诸如此类的装饰还有很多，在大面积素色的服装里加入面积小但对比度高的彩色图案装饰，将上衣和下装在视觉上区分开来，让人眼前一亮。

3. 疏密结合的纹样构图

服饰上的图案按照图案组合类型，可以分为单花图案、双花图案和组合图案三类。单花图案由单个图案以二方连续形式组合形成。在图案的组织过程中，首先选取一个单位的纹样，随后将这一个单位纹样通过上下或左右两个方向依次连续排列，形成了极富节奏感和韵律感的竖式或横式的带状花边纹样。在瑶族服饰领边、袖口、襟缘、裤脚、胸襟等位置，二方连续使用的频率非常高，通常采用垂直式、散点式、波纹式的组织方式与大小面积不一的纯色或者是衣服底色形成错落有致、繁简穿插、疏密相成的艺术效果，色彩对比强烈，不仅增强了视觉美感，并且形成了与汉族迥然不同的极具视觉特色的装饰特征。双花图案是由两个单花图案构成的组合图案。组合图案是由三种或三种以上的图案组成，如排瑶的刺绣较紧密，几乎看不到空隙，分布在四周的蜘蛛纹呈现星星点点式的环绕，组成一个形似圆形的规整图案。而排瑶传统绣花裙、绣花绑腿的图案组合形式以二方连续排列居多，以单个或几个纹样首尾相连，与其他纹样排列组合成紧密

---

❶ 吴蕾.《伟大征程》的服装造型设计[J]. 演艺科技，2021（8）：22-24.

图3-32 广西龙胜红瑶少女服
（来宾市金秀瑶族自治县瑶族博物馆藏）

的条状对称图案，画面构图饱满，寓意丰富。

瑶族服饰整体来看也是疏密得当，有平衡之美。以广西龙胜红瑶女装为例（图3-32），青年女子头绑黑色头巾，身穿红色刺绣上衣，下穿以黑色为主色调的半身裙，脚穿黑色布鞋。头上与脚下的黑色相互呼应，而上衣穿的刺绣花衣又使得整体不会过于素净。又如，大多数瑶族男士的便装都以蓝色、黑色为底布，但是在衣服衣领、袖口、衣服下摆、裤脚等，都有彩色丝线刺绣或挑花的图案纹样，给大面积的素色调增添了一些活力，增加了服装颜色的层次感，避免了太过单调，同时也彰显了民族特色。

4.得心应手的五色搭配

瑶族刺绣图案的色彩与大自然及居住环境有着千丝万缕的联系，色彩被赋予浓厚的宗教内涵，通过其刺绣图案色彩可以窥探瑶族刺绣中最深处、最本质的结构元素。瑶族好五色衣裳在上面绣以红、白、黄、绿等色，色彩饱和度高，色彩之间对比鲜明，在刺绣色彩搭配上，主要通过相同的图案来变化不同的色彩和不同图案组合间隔变化色彩的方式，形成刺绣图案色彩明丽的特征。原材料的影响是瑶族传统服饰色彩特征形成的客观原因。瑶族的传统染色原料以蓝靛草这种植物为主，在染制的过程中，把握材料的量而使服饰明度深浅不一，逐渐以浅蓝、蓝、黑蓝、黑色为主。此外，用野果的汁液来染出其他鲜艳的颜色。瑶族不同的支系和地域在服饰穿着上会存在一定的差异，但对黑色的使用则是其中较为突出的一个共性，不论是平装还是盛装，黑色都是使用最为频繁的一种颜色。结合广东排瑶、过山瑶服饰的整体色彩来看，黑色占据了很大比例，同时也起到了装饰作用，因此，整体服饰也体现出简洁、朴素的特点。在以黑色为主色的情况下，粤北瑶族还会在门襟、袖口、下摆等部位进行装饰，例如，乳源过山瑶喜欢在门襟处加上深色的装饰绣片，连南排瑶则喜欢加上白色或钴蓝色的腰带等，使得整体朴素的色调可以进一步加深。在白色的运用上，连南排瑶与乳源过山瑶也存在明显的差异，例如在脚绑上，乳源过山瑶多为白底绣花，而连南排瑶为黑底绣花；盛装出席时，排瑶喜欢戴红色绣花冠与红色包头，而过山瑶则喜欢佩戴白色的头巾与包头，整体服饰风格上呈现出明显的不同。这也在很大程度上表达了过山瑶对白色的喜爱，将白色的淡雅、平和与其他色彩的浓烈、喧闹有效中和。服饰的底色往往以黑色、白色为主，但也会用彩色来搭配绣花三角巾、绣花头巾、披肩、绣花裙以及绣花脚绑等配饰，组成了色彩丰富的瑶族服饰。其中，最为突出、特点最为鲜明的就是排瑶的绣花衣，服饰整体以红色为底色，穿插着白色、黄色和绿色的纹样；服饰上的小鹿纹和马头纹占据了很大面积，远看时，可以呈现出强烈的视觉效果。由于长时间生活在物资较为匮乏的大山中，瑶族人民对于自然风光、桃红柳绿的景象比较向往，但只能在服饰设计上大量运用绿色、玫红色等颜色来抒发民族情感。这样的纹样大多来自粤北瑶族人民的实际生产生活，在造型上也体现出写实、生动、形象的特点，淋漓尽致地展现了山地民族实际的生活状态。

"好五色衣"是瑶民们代代相传的服饰色彩观念，植根于瑶族发展的历史规律，与瑶民的民族情怀和文化理念息息相关，五色即红色、绿色、黄色、白色、黑色。这五色不仅只有它们的主明度色调参与了瑶服色彩的构成，还有其他明度色调，例如，粉红色和红色都属于红色系，但是粉红色的明度比红色的明度稍低，因此，红色是主明度色调，粉红色是红色系的其他明度的色调，其他颜色同理。瑶族是最大的迁徙民族之一，它们在迁徙过程中不断更换生存家园，瑶族服饰多以黑色为底色，正是因为黑色在原始文化意识中是土地的象征。后来，随着周遭环境的稳定，生活质量的提高，黑色在瑶民心中逐渐衍生成了庄重、高贵、财富的符号，且将黑色延伸为尊贵、沉稳和智慧的标记，赋之吉祥喜乐之意。不断的实践佐证着瑶民的选择，如今，以黑色等深色为底色的瑶族服饰已琳琅满目，黑色等深色极易与其他色彩相搭配的特性，是每一件瑶服都形似精美绝伦的工艺品的重要原因之一。

"红红火火""大红大紫""红喜事"等民间俗语无不说明着红色的喜庆、吉祥之意，红色隶属于中原文化，汉人行结婚等喜庆之事时，正主都会穿着红装，讨吉祥美满的彩头。红色在瑶服中的运用是瑶文化和汉文化交往交流交融的写照，在瑶服的整体架构中，只有个别瑶族支系是以红色作为服饰底色，在其他支系中，红色为辅色。

瑶族各支系、各地区的服饰色彩谱系：不同支系的瑶族服饰不同，同一支系的瑶服也会因生活环境的不同而不同。江永地区的平地瑶的上衣整体色为浅蓝色，门襟、袖筒处是黑色，袖筒和裤脚上的环状花纹有橘红色、浅粉色、深蓝色和紫色，下裤是深蓝色，云肩有棕色和银白色；两种绣花鞋中，一种绣花鞋的鞋面是深红色，鞋跟处缝制深蓝色土布，布上的鲜花图纹的茎和叶是绿色，花瓣是粉红色；另一种是定亲时的绣花鞋，鞋面是深蓝色或黑色，鞋面的花卉图案由红色和绿色组成。江华平地瑶的上装颜色有白色、月白色、天蓝色、灰色和蓝色，盛装上有橘红色、黑色、黄色、深蓝色四色，盛装下装的裙面以红色作底色，围裙裙面整体为绿色，头饰凤冠有五颜六色的绞花铜线。千家峒的过山瑶女性上衣是青蓝色，领子和前襟处的滚边装饰是红色，下装裤有玫红色和蓝色两种，裤脚处的花纹五颜六色。男性上衣是深蓝色，领子、前襟处的滚边为白色，马甲有白、红、黑三种颜色。粗石江地区的过山瑶裤头为蓝色，裤腿底部的龙纹挑花图案为棕黄、白色。汇源过山瑶女上衣，袖口、门襟处遍布红、黑、黄三色。还有的地区过山瑶头饰为鲜艳的红色绒球。塔山地区瑶族女式长衫的衫身是黑色，领口处有红、蓝两色。花瑶常服短衫是白色，长衫的衫身是浅蓝色，领口、门襟处都是红色。花瑶的大圆盘帽色彩以红、黄色为主，因季节、出席场合、年龄而发生变化。未婚的花瑶女性头饰耀眼，不是单单高明度的纯红黄色，而是偏黄绿色，象征着活力与希望。婚礼上新娘的礼服以绿色为主色调，高纯度、高亮度的红、黄两色搭配组合的大圆盘帽是已出嫁女性的头饰，代表着生命进入了最热烈、最旺盛的阶段。年纪较长的花瑶女性头饰整体颜色暗淡，由亮度高的五颜六色转向了暗淡的灰色，大圆盘帽也由红、黄两色变为灰、黄相间的颜色。

第四章

南岭走廊瑶族服饰的
传统手工技艺

第一节 服饰材料工艺

一、服装材料

春秋老子《道德经·第二十五章》中说："人法地，地法天，天法道，道法自然"这句话的意思是：大地的运行法则就是人类生活的运行法则，天的法则是大地的运行法则，道的法则又是天运行的法则，道的运行法则最后又以自然的运行法则为法则。一个地区的服装材料往往会受到当地的自然条件的制约和束缚，例如我国的南方与北方地区自然气候相差极大，北方地区森林草原广阔，牧羊成群，气候严寒多雪，多以游牧捕猎为生，因此当地人就地取材，以经过加工的动物皮毛为主要的服饰材料，并在掌握了基础的制皮技术之后，缝制了保暖性强、防水防湿的帽子、外袍、手套、半筒靴。南方地区则多山地丘陵，气候湿热多雨水，以农耕为主要的生产生活方式，棉、麻等都是南方地区的重要农作物。南岭走廊的瑶族服饰材料以时间为发展脉络，古时树皮是瑶族服饰最常用的材料，发展至今，瑶族服饰材料不断充实，年代比较久远的有棉、麻、丝、瑶草编、瑶绸、瑶花布、瑶织布、绢、毛和各色土布等，以及在新时期兴起的涤纶等人造纤维。其中，棉、麻等可从种植的棉花、大麻等植物中提取。绢、麻、丝的质地轻薄，多用于制作夏季衣裳，毛和棉较厚，多为制作冬季衣服的原材料，但这界限并不十分分明，有时绢、麻、丝也见于冬季服装。

（1）棉。瑶族家用的棉被、冬季穿的棉袄等大都为棉花材质，棉的生长周期在130~140天，因地区、品种的不同而有差异，从棉种成熟至棉桃需要经历播种期、苗期、蕾期、花铃期、吐絮期五个时期，成熟后的棉种会有一团团白色的絮状物挂在枝头，那絮状物便是棉花。采摘时瑶民会在后背背一个自己手工编织的竹编筐，将絮状物一团团摘下放进编筐里，当采摘到一定数量时，便会将得到的棉花进行集中加工，生产成想要的衣服、被褥等。由于棉花的生长习性特殊、加工过程复杂、加工周期烦琐，现在的瑶族聚居区自己采摘加工棉花制作衣物的现象已经很少见了，直接购买衣物、棉被等棉织品的现象比较常见。

（2）丝。"养蚕、缫丝、织绸"是大家都很熟悉的一句话，用丝作为服装的原材料在我国有非常悠久的历史，明代徐祯卿的《江南乐八首代内作》中说"采桑作蚕丝，罗绮任浓着"，《陌上桑》中也有"罗敷善蚕桑，采桑城南隅"口口相传的一句。对比欧洲文化，以丝作衣是中华传统文化的瑰宝，彰显着我国古代劳动人民的勤劳和智慧。受气候影响，南方的桑树在3、4月便可以采摘叶子了，北方则稍晚一点。每一只蚕都要经历孵化期、眠化期、生长期、化茧期、蛹化期五个生长周期，浇丝的时期是化茧期，五个生长时期中最关键的也是化茧期，如果化茧期出现故障，后续的所有步骤都无法开展。当蚕停止浇丝的时候便开始收茧，收茧过后是取丝，将蚕丝放在锅中煮熟，再经过一系列方法取出茧线，最后便是制丝和加工蚕丝了。随着科技的发展，生活节奏的加快，现在还能掌握养蚕、缫丝、织绸的一系列方法和步骤的人已经极为少见，每一个掌握着传统技艺的人都是值得尊敬的手艺人。

（3）土布。听到"土布"二字，很多人都会理所应当地认为，土布就是由泥土做成的布。其实不然。土布又称粗布，在粗布的加工过程中要用到棉花。土布的制作要经过纺纱、组纱、织布三道工序，纺纱工序中又包括弹棉花、纺纱。棉花弹好搓成长棉条以后，集中进行组纱，组纱又包括网纱、浆纱、倒纱、放纱、梳纱、理纱六个步骤。在整个制作土布的流程中，最引人注目的地方便是用棍子敲打用米浆浸泡过的线，当地人说这样做的目的是让线变得更坚固，更容易上色。

二、配饰材料

瑶族的服装配饰分为头颈饰、肢体饰、躯干饰三大类，头颈饰包括髻间装饰、耳环、银链、银锥等，肢体饰包括手镯、戒指、手链，品类最为繁多的是躯干饰，有胸兜、云肩、腰带等16种。瑶族的配饰材料有布匹、铜、铝、银、黄金等，黄金的化学结构稳定，延展性强，但由于价格昂贵，比较难以获得且人工合成很难，所以瑶族黄金制饰品并不多；银与黄金相比，价格较为便宜，许多瑶族地区都有"以银为饰"的气象；铝是银白色的轻金属，质地轻薄且不易生锈，价格低廉，在瑶族的配饰材料中比较常见。簪子、手链、手镯、戒指、项圈、排扣等既有银制、铜制，也可铝制，原始的瑶簪还有的由木头加雕刻而成，腰带、云肩、胸兜、围兜、马甲等则由各色各样的布匹制成。

第二节 服饰面料工艺

纺织工艺在我国拥有非常悠久的历史，经历了从古代手工纺织到现代机器织的发展历程，生活在远古时期的人们，人们从日常生活中观察到的自然现象，如竹篮筐和渔网的构造，受到了启发，他们尝试将柔软的植物纤维捻制为细长的线，用于制作穿在身上的衣物。这一创新尝试催生了纺坠的发明，这是一种最早用于纺纱和纺线的工具。纺坠的出现对原始纺织工艺的变革和发展起到了积极的推动作用，同时也为后世的纺织工艺提供了改革的雏形。作为最初的纺织工具，纺坠被后代一直沿用，直至近代，我们仍然可以在少数民族聚居区观察到人们使用它进行纺织。在我国少数民族的服饰制作中，运用纺坠编织的纱和线制作的纺织面料被广泛使用，成为重要的服饰面料来源。这些运用传统工艺制作的纺织面料，不仅具有实用价值，也承载了丰富的文化内涵。特别值得一提的是，瑶族服饰的面料制作工艺有麻纺织工艺和棉纺织工艺等多种类型。这些工艺在瑶族服饰的制作中充分展现出来，既传承了民族传统，也赋予了瑶族服饰独特的文化内涵。其中，麻纺织工艺和棉纺织工艺等制作出的面料具有独特的纹理和质感，为瑶族服饰增添了鲜明的特色。

一、麻纺织工艺

麻布制成的夏衣清爽透气，出汗也不会黏腻；麻布做成的布袋，安全便利，体积小；麻布做成的蚊帐，坚韧不易破，经久耐用，使用十几二十年都不会磨损。瑶族麻纺织工艺主要出现在气候湿寒地区，湿寒地区的气候寒冷，棉花很难成活，但葛藤生命力顽强，能够适应各种气候和土壤。于是，麻便成了制作服饰的主要原材料，用麻制作的面料坚韧耐磨，实用性强，一匹布收藏几年之久都不会脆化。完整的麻纺织工艺步骤烦琐，需要极强的耐力，包括去皮、发麻、绩麻、纺麻、织布。

（1）去皮。冬、春两季是葛藤休养生息的时候，待到夏天葛藤已经完全生长完毕，主体部位又长又粗。瑶民们便是在这个时候上山采集葛藤，在采集时会摘去葛藤的叶和叶柄，因为叶和叶柄在麻纺织工艺中是不需要的。这种一边采集一边摘的办法既可以防止叶和叶柄堆积在住处造成生活环境不美观，也可加快麻纺织工艺的进程。葛藤采集好后，瑶民们会将它们丢入水沟或者井水中浸泡五天至七天，直至葛藤的表皮腐烂，葛藤的表皮腐烂后，用手轻轻一搓，或者用水冲一下，就可以去掉了。

（2）发麻。葛藤去掉表皮和藤骨得到葛麻，将葛麻晾在家门前的树枝或者竹架上，晚上不予收回，让葛麻充分吸收清晨和深夜的露水之后，拿到阳光下暴晒。经过这样处理得到的麻丝颜色干净透明，手感柔和细腻，气味清新。将经过处理的葛麻撕成缕缕粗细相似的麻丝。这样一个从葛麻到麻丝的过程叫发麻，撕麻需要执行者掌握一定的技巧，并且耐心细致。发麻以后是绩麻，将收获的麻丝均匀地捆绑成若干束，并将每一束束缚于桌脚或者墙壁处，就可以开始绩麻了。

（3）绩麻。绩麻又称纺绩、绩火。绩麻正式开始前，瑶民们会事先在捆绑麻丝的地方放置一条小凳，一个竹篮或者箱子。绩麻正式开始，主人坐在小凳上，竹篮或者木箱搁在脚边，扯两根麻丝用手搓在一起，当一根麻丝搓至尽头时，另扯一根接上，如此循环往复，直到竹篮或者木箱中搓好的麻丝达到一定的数量时才停止，然后找一个圆筒状物体，牵着绩好的麻线头将竹篮或者木箱中麻线一圈一圈整齐地缠绕在圆筒状物体上后，取出圆筒状物体，此时一个整齐有序的空心麻线团就形成了，用绳子从线团中心穿过，将麻线团挂在墙壁或者其他的高处，准备进入下一个阶段纺麻。绩麻的整个过程手部都需要发力，否则会导致绩好的麻丝连接不紧密而断裂。

（4）纺麻。纺麻即纺麻线，与纺棉花一样，都需要用到纺车，每一辆纺车都由木架、绳轮、锭子、手柄四部分组成。但是在进行途中，纺棉花棉条不需沾水，而纺麻需要将麻线沾上清水才可上纺车，如果麻线缺少水分，在纺织过程中麻线会断裂。纺麻正式开始时，纺织者将松紧适度的细长麻条缠在锭子上，右手摇动纺车的木柄，左手的拇指与食指掐住已经纺好的麻线头将其扯进固定的容器中。纺麻的整个过程需要的动作，概括来说就是摇、抽、捻，在这三个动作的不断重复中，用作织麻布的麻线就诞生了。如果纺的麻线是用作织布，一根麻线即可，如果纺的麻线是用作日常生活使用的线，则需两根麻线交织在一起参与纺麻的全程。

（5）织布。在麻线上均匀地涂上米浆使麻线变得柔韧顺滑，将麻线分成经线和纬线，把纬线绑在梭子上面，在双脚踩动织机的同时，将梭子从经线的中间抛过去，使经线和纬线垂直排列，然后经过一系列步骤将麻线纺织成布。

二、棉纺织工艺

棉纺织工艺比麻纺织工艺更为复杂，传统的棉纺织工艺步骤有采棉、拣晒、收贩、轧核、弹花、拘节、纺线、挽经、布浆、上机、织布、练染。在收获棉桃获得棉花后，将棉花放进一个巨大的布箕里，均匀铺开，放到太阳下晾晒使新鲜棉花中的水分充分蒸发。棉花中的水分蒸发以后，将棉花倒进脱棉机，脱棉机是黄道婆在棉纺织领域的技术革新，脱棉机的发明让棉纺织技术发生了翻天覆地的变化，瑶民们再也不用用手一个一个地分离棉花和棉籽，大大加快了棉纺织工艺的进程。当然，脱棉机也在一代代手工艺人的传承中不断改善，现在瑶族地区常见的脱棉机由给棉板、支架以及上下两个辊轴组成，脱棉机工作时，给棉板将棉花传送至辊轴处，且给棉板在接近辊轴部位的密齿能够将棉籽从棉花中剥离出来，上下两个辊轴往相反的方向旋转，籽被卷在机器里面，棉被脱离到外面，从而实现棉花和棉籽的彻底分离。弹花，即弹棉，也有专门的机器弹棉机，它的工作是将剥去棉籽的棉花弹松软，让棉花变得蓬松，不再成坨状的粘连。拘节是指用手或竹扞将弹松的棉花搓成手指粗细的棉条，棉条定型后开始纺纱，纺纱一般使用的是手摇纺纱车，包括轮子、摇柄、锭杆、支架、底座，纺纱时操作者右手摇纺车，左手拿棉条，从棉条上抽取一小段捻成细线挂在纺车上，这时转动纺车，纺车就会将线头拉起并让棉花缠绕在转盘上，左手随着纺车的转动不断摆弄棉条，这样棉花就被连接拉成了棉线，得到棉线就可以使用棉线制作棉布了，棉布制成以后瑶民们就会根据自己的心意对其进行染色，再经过许多的裁剪、拼缝，棉花就变成了瑶民们身上穿的衣裳。

在科技飞速发展的时代，棉布可通过机器实现批量生产。机器生产棉布要经过清棉工序、梳棉工序、条卷工序、精梳工序、并条工序、粗纱工序、细纱工序、络筒工序、捻线工序、摇纱工序、成包工序、整经工序、浆纱工序、穿经工序、织造工序。听起来比传统的棉纺织工艺更复杂，步骤更烦琐，但实际其生产效率要比传统的手工艺快，生产的棉布质量也更高，成为许多瑶民寻求服装制作快捷方法的不二之选。

第三节　服饰制作工艺

一、染色工艺

染色是瑶族服饰制作中必不可少的一步，瑶族服饰染色的方法有蓝靛浆染、蜡染、粘膏染、扎染四种，其中蜡染和粘膏染都属于服装图案的制造技艺。

（一）蓝靛浆染

天工开物中记载"凡蓝五种，皆可为靛"五种蓝分别是马蓝、蓼蓝、木蓝、吴蓝、菘蓝。蓝靛浆染中必须要用到的一种植物是"蓝靛"，属多年生草本植物。一次成功的蓝靛浆染着色要经历浸泡—过滤—加入石灰水—击打—沉淀—晾晒、再次过滤—脱水—捣碎—加入80℃热水—加入明矾—过滤—加入氢氧化钠、二氧化硫脲—搅拌—染布一系列完整工序。遵循蓝靛的生长规律，蓝靛浆染大多在夏末秋初完成，瑶族女性是采集蓝靛的主力军，男性负责协助。蓝靛采集好以后便进入了浸泡阶段，将蓝靛嫩叶放入一个巨大的容器（有的地方是缸，有的地方有专门的染色池）中，容器中加入足够的水，并在嫩叶上放置若干重物，防止嫩叶浮上水面造成颜色析出不彻底；待嫩叶中的色素全部析出以后，此时的蓝靛叶由于长时间的浸泡已经沤烂，将叶捞出，和溶液分离；将蓝靛溶液滤过尼龙布后，在蓝靛溶液中加入经过打碎、研磨和过滤的石灰水，用棍子连续用力搅拌若干小时，使空气渗入溶液中，让溶液得到充分氧化，得到靛蓝沉淀，在这一步骤中会在溶液上方漂浮青黛；当溶液中的所有蓝靛都沉底时，把沉淀上方的浑水舀出，将蓝靛沉淀放在太阳下暴晒，得到蓝靛泥。染布时，先把靛蓝溶于水中，再加入农家火灰水、烧酒配好染液，加入适度适量的温水，密封促进蓝靛泥与热水的化学反应；当颜色变成黄绿色时，去掉密封盖，将清水浸湿的衣服丢入黄绿色的溶液中，拿一根木棍不断搅动衣服，使其与染料全面接触。为了防止布在染缸里长期浸泡然后腐烂，一块布一天会浸染数次，每一次浸染一个小时左右就取出，晾干以后又浸染一个小时，经过连续十几天如此循环往复的操作之后，布的颜色呈靛蓝带暗红色即说明染色成功。蓝靛浆染的染色方法不仅仅可以得到蓝色的布，在布已经染蓝的基础上，再加染三天就可以得到黑色的布。古老的瑶族乡里还流传着一种传统的评判染液好坏的方法：当染液配制好时，取一小滴放到舌头上品尝，如果是甜味，则说明染液调制得非常好；如果是苦味，则证明差点意思。

蓝靛浆染还可以制作靛蓝颜料，在得到蓝靛泥后，使用工具将蓝靛泥均匀地铺开抹平在一个容器中，连同容器和蓝靛泥一同暴晒，待蓝靛泥中的水分全部蒸发以后，蓝靛泥便会皲裂成块状，这时便可以进行蓝靛颜料的提取。将块状的蓝靛泥研碎，与热水充分混合加入明矾再次得到靛蓝沉淀，并对靛蓝沉淀进行滤纸过滤，留在滤纸上的部分就是蓝靛颜料。从植物中获得的蓝靛颜料比市面上卖的蓝靛颜料色泽更纯正、生动、活泼。

（二）蜡染

蜡染在我国已有2000多年的历史，与扎染、夹染、镂空印花并称为我国古代四大印花技艺，苗族、布依族、瑶族等多个少数民族都掌握着传统的蜡染技艺，但又各具特色。瑶族蜡染在宋代的史书中就有记载"瑶人以蓝染布为斑，其纹极细。其法：以木柄两片，镂成细花，用以夹布，而溶蜡灌于镂中，而后乃释板取布投诸蓝中，布既受蓝，则煮布以去蜡，故能变成极细斑花，炳然可观。故夫染斑之法，莫徭人若也。"[❶] 众所周知，蜡染针对的只是服装上的图案，而现在市面上的瑶族服装之所以如此斑斓绚丽，是因为蜡染和蓝靛浆染等其他染色方法的结合。蜡染技艺使用的多是白色土布，因为白色土布的纹理细、色泽浅、密度适中，密度太稀疏的土布容易漏蜡，使图案模糊不清、不成型，密度过密也不利于蜡汁的渗透。而且在白布上面染绘图案相比其他颜色的布会更为清晰美观，且白布经过染色可成为其他颜色。蜂蜡是蜡染的重要材料，蜂蜡可自养自得，材质防水，加热容易，绘画方便，由蜂巢在热水中加热融化过滤获得，还可重复利用。由于花粉、蜂胶中存在的脂溶性类胡萝卜素以及其他色素的不同，蜂蜡有白色、淡黄色、中黄色、暗棕色四种颜色。

蜡染的第一步是设计图案，即在衣服上用手指、木炭或者铅笔提前勾画出需要染的图案，以保证最后图案的整洁美观。蜡染的第二步是涂蜡，将所要染色的衣服平铺在桌面上，寻找四个方形重物压置在衣服的周边，不能有褶皱。然后用竹片或者铁片少次多量地蘸取加热溶解的蜂蜡涂抹在事先设计好的纹样区，涂抹完毕将其放置于通风阴暗处使蜡液完全干透。在涂抹过程中可以使用不同颜色的蜡多层涂覆，以创造出色泽更丰富、视觉效果更惊艳的图案。蜡染的第三步是染色，将已经使用蜡涂抹好图案的布料放入有蓝靛染料的染缸中，未被蜡涂覆的区域会渗入蓝靛染料形成蓝靛色，而有蜡涂覆的区域则不会渗入蓝靛染料，显示的是蜂蜡颜色，这样蜡染的图案就突出了。蜡染的第四步是脱蜡，在染色完成后，将布料放入清水中清洗，除去多余的染料和蜡后将其晾晒。晾晒快干之时，用沸水煮布褪蜡。也可抓取一点草木灰放置在图案上用手去搓蜡，但耗时耗力。蜡染的第五步是熨烫，用熨斗将布料熨平，以去除残留在衣服上多余的蜡。

认真观察有运用蜡染技艺的瑶族服装可以发现，有些图案的外观相同，但其上花纹形形色色，各不相同，各自有各自的魅力，这是由于蜡质的缘故，蜡液未凝固时在布上

---

❶ 玉时阶. 瑶族传统服饰工艺的传承与发展[J]. 广西民族大学学报（哲学社会科学版），2008（1）：86-92.

流动会留下运动轨迹，这种运动轨迹在煮沸脱蜡时不会随着蜂蜡的脱落而脱落，而是变成了人工无法复制临摹的肆意潇洒的冰花纹。因此，由于在蜡染过程中蜂蜡流动不可人为控制且运动轨迹不固定，每次蜡染过后的图案总会出人意料。蜡染得到的图案除了有以上所说可以产生令人意想不到的艺术效果外，通过蜡染，同一个图案不同的部位可以呈现深浅不同的颜色，这由染色的步骤和浸染次数决定。例如，在白布上构思出图案纹样之后，先使用蓝靛浆染的方法把布匹染成蓝靛色并把布匹晒干，再在部分图案区上蜡，再次放入蓝靛染料中染色，进行晾晒、脱蜡等一系列工序，就可在同一图案中呈现出深蓝和浅蓝两种不同的颜色。

红瑶百褶裙的制作就运用了蜡染工艺。红瑶百褶裙的整体设计美丽大方，色彩鲜艳，使用天然染料染色，裙上的褶皱井然有序、线条潇洒自如，裙上图纹更是瑶族审美理念的代表。穿上百褶裙的红瑶妇女，裙摆随着妇女的走动而有节奏地左右摇摆，婀娜多姿，尽显女性风采，具有深厚的文化内涵。在红瑶人民的眼中，百褶裙不仅仅是作为下装的衣服，还承载着族群认同、对美好生活的期待和对生活的热爱以及对传统的传承和尊重。制作一条红瑶百褶裙，要经历选布匹、煮布匹、设计图案、染色等步骤。百褶裙的最上节为黑色，中间呈黑、白相间色，最下节红、绿相间。正式开始制作红瑶百褶裙时，首先挑选做中间部分的纯白棉布，将挑选出来的纯白棉布从上至下分成五行，再用竹刀蘸取蜂蜡，在第二行白布上画出需要的花纹，例如八角花纹、蝴蝶纹、鸡仔纹、龙纹等，并在没有花纹的地方也涂上蜡，放置一段时间后，把布洗干净，这样百褶裙上的斑花布就制作完工了。然后将花布与位于其上面的黑布和位于其下面的红、绿相间的布相连接折出细褶，将裙带沿着裙头缝上，最后在裙脚缝上花边，一条完整的红瑶百褶裙就制作完成了。红瑶的百褶裙和白裤瑶的百褶裙，在艺术设计和整体造型上，有异曲同工之妙，都属于美观大方的类型，但白裤瑶的百褶裙使用的是织锦和粘膏染工艺。

（三）粘膏染

粘膏染和蜡染相似，也是瑶族印花技艺的一种，使用的染剂是粘膏而不是蜂蜡。蜡染技艺是粘膏树的树脂混合牛油作为防染剂的民间印染工艺，粘膏染的使用以广西南丹县白裤瑶最为炉火纯青，当地白裤瑶的百褶裙便是出自该种技艺。广西境内生长着一种独特的粘膏树，在树干上砍凿豁口，若干天后便会有浓稠的白色黏液流出，将它们收集在透明瓶中用火熬制提炼，加入适当牛油混合，即制成了粘膏防染剂。粘膏染多选在冬季进行，夏季的高温易使粘膏融化、蒸发。粘膏染的步骤与蜡染一样，但使用的工具不同，粘膏和蜂蜡的化学性质不同，因此，蜡刀通常是双层至多层铜片刀头，而粘膏刀只有单层铜片刀头。粘膏绘制完纹样后用蓝靛浆染的染色方法染色，再在清水中加入草木灰煮沸去除多余的粘膏，便会呈现出蓝白相间的条形纹样，在这道工序之后再染一遍蓝靛，就会得到深蓝与和浅蓝搭配的白裤瑶百褶裙。

（四）扎染

扎染，又称"绞染""染缬"，民间称扎染为"疙瘩染"，称通过扎染的布为"疙瘩花布"。扎染已经有上千年的历史，是把条、带状物捆扎在一起上色的染色工艺，是我国重要的传统染色技艺之一，具有极大的艺术个性，是中华民族宝贵的文化遗产之一。我国的许多少数民族都会在服饰制作中运用扎染工艺，但各个民族的扎染工艺又不相同，总的来说，扎染工艺存在着多种形态。

黎族扎染：黎族的扎染被运用于黎锦的制造，其操作步骤是扎经、染线、织布，这样的操作步骤将扎、染、织的工艺完美地融合在了一起。黎族扎染的经线是理好的棉纱线。制作黎锦时，棉纱线被紧紧捆绑在扎染架上，筒裙经线的一末端套上活动扁木，另一端则连接一圆木棍，待棉纱线扯平绷紧后，用绳子固定圆木棍，这时活动扁木就形成了两层经线平面，然后用深色纱线将两层平面上的经线按照一定数量捆绑、结扎在一起，扎成各种样式的图案，扎出的图案按操作者的喜好而定，没有固定化的样式。图案扎好后，就可把棉纱线从架子上取下来，待染色完全后晾干，然后去除捆绑在经线上的深色纱线，过水清洗除去多余的色素晒干后，黎锦的染色步骤就完成了。维吾尔族扎染：维吾尔族的妇女穿戴的裙袍是扎染成品的典型代表，对比设计图稿后，将经线依据图纹进行扎染。扎染时，首先将手动规整好的丝线套在卷轴上，再经过手动的转轴细分成均匀的股，然后在平铺的丝线上画出想要的图案、扎结，颜色染好后晒干即可。白族扎染：白族的扎染是草木扎染，唐朝初期白族的纺织业就已经发展到了一个比较高的水平，在1000多年前白族就掌握了比较先进的染色技艺，白族扎染使用的面料一般是纯白的棉布。

瑶族扎染有设计图稿、绞扎、浸泡、染布、晾干、拆线、漂洗7个步骤，首先是设计图稿，取一块干净的白布平整地铺在桌面或案台上，用笔在白布上绘出需要的图案并且定型；然后将图案用线绞扎，绞扎的线要求结实耐用不易断，绞扎时线要拔紧，不能太过松散；再将绞扎完成的白布放入温水中浸泡若干分钟，晾干后放入染锅中煮，放入白布时染锅中的水必须是沸水，布料煮好后用棍子挑出，置于衣架或高处的平台上自然风干；风干后就可进行拆线操作，随着一根根用于绞扎的线被拆下，一个个完整的图案也显现出来了；最后将拆线的布用清水洗掉浮色，一次完整的扎染就接近尾声了。

二、织锦工艺

（一）织锦上的图纹与艺术风格

瑶族织锦上的图纹在结构上构图完整，具有极强的装饰性，且图纹与图纹之间排列疏密结合、松紧有度、如行云流水一般顺畅。在题材的选取上丰富多彩，非常广泛，大到宇宙、星空，小至不起眼的花草树木，每一个图案的设计都寄托着瑶族人民热爱生活、珍惜幸福的美好情感。常见的图纹形态有植物纹、"卐"字纹、几何纹、动物纹等，动物纹中比较常见的是蝴蝶纹、蜈蚣纹、鹿形纹、犬纹，植物纹中比较常见的是禾苗纹、八角花纹、树纹。此外，在星罗棋布的瑶锦图纹中，古老、最具代表性的是"盘王过海"。传说，在一个天气条件极其恶劣的年份，许多地方都发生了旱灾，官府的仓库中没有了余粮，平时深不见底的鱼塘没有了鱼的影子，树木枯竭濒临死亡，瑶民们无食物可以充饥，也没有了可以生活下去的家园，便纷纷带上最后的家财迁徙，偏偏这时水路已经无法供给正常的交通，水船也到不了想去的岸边，瑶民们走投无路，就在船头许愿希望盘王能够保佑他们渡过难关，不久之后船就顺利靠岸了。由此，瑶民们便创造了盘王过海的图纹以示对盘王的感激和尊敬，"盘王过海"也作为重要的祖先财富被代代相传了下来。艺术风格上，织锦在色彩运用上以赤、蓝、橙、黄、绿、白等色为主，斑驳陆离，具有厚重古典的气息；黑、白两色的间隔或连续运用，玫瑰红、大红、白和墨绿色的交叉组合是织锦在色彩上最突出的特点。前者使织锦有了超凡脱俗、海纳百川的气质，使整体上形成了强烈的色度对比，后者使其统一和谐且艳丽。在构图规律上，瑶族织锦遵循着一定的构图法则，多为变化、对称、对比、平衡的设计，具有节奏感。在布局上，也有一定的规律可循，垂直方向上的布局是上下呼应，有流动感和渐变感。水平方向的布局是左右对称，有稳定感和充实感。最具吸引力的图纹和色彩会被安排在织锦的中心位置，当人们欣赏一件织锦时，织锦的中心位置就会成为人们的视觉中心，有的织锦上有多个视觉中心。

（二）织锦的分类

织锦，是以锦缎为经线，以彩色丝线为结，用针织机通经纬线的方式直接织成。瑶族女子把棉花纺成纱线，然后把它染成绿色、黄色、黑色、红色和蓝色等彩色纱线，经制浆和洗涤后，将纱线分成轴，然后将纱团并入梭子，开始织造。瑶族织锦作品样式丰富多样、绚丽多姿，按照身体各个部位特征可以织成头饰、胸饰、腰饰、绑腿等各种织锦，分红、橙、黄、黑、蓝、绿、白等颜色，并织有万字纹、文字纹、植物纹、动物纹等各种精美清晰的图案，艳而不俗，繁而不乱，美丽天然，别具神韵。湖南瑶锦就是依经线而赋彩，组成条状的构图，让织锦整体散发出雄健古朴、自然简练的艺术气息。瑶族织锦与绣锦统称瑶锦，瑶族织锦工艺包括织锦、织花带和织蚕锦，利用织锦工艺织出的织锦、花带、蚕锦也统称为织锦。瑶族织锦也是少数民族织锦之一，为瑶族妇女所制。在湖南地区，瑶族织锦与土家族织锦、侗族织锦、苗族织锦并称为"湖湘四锦"。

瑶族织锦采用的是经、纬相结合的织造方法，这种方法的学术用语是"通经断纬"，要用到织锦机。织锦机是凝结瑶族先民智慧的发明，组成部分有机座、盘头、经轴、布轴、踩脚、纱线、纬刀、花尺、经筒、梭子、分经棍。机台长约1.5米，宽约0.7米，高0.35米。前端有一块活动坐板，坐板前固定卷布轴，机台中央设横槽，用以固定机台和装放梭纬管。机架高约1.45米，宽约0.7米，上端安装有齿状卷经轴，前梁吊有直径为3厘米的圆柱分经棍。开始正式织锦前，将经纱按奇、偶数上下分开，经面与机台约30°角，经纱下面吊四片花综，分别与四根踏杆用绳子相连，综丝只吊上层经纱。引纬用梭，打纬用是竹制梳状、宽55厘米的筘。织造时，第一纬织平纹地，用分经棍将整齐的经纱形成自然开口，钢筘前后往复摆动，将一根根引入梭口的纬纱推向自然开口，和经纱交错。第二、第三、第四、第五纬起花。织完第一纬后，踩动踏杆，这时花综受力牵动，就会将面经拉下变成底经，形成第二、第三、第四、第五个开口后，再次重复第一纬要结束时的操作。第六纬与第一纬一样织平纹地，其余纬依次类推。就这样五纬一组，不断往复循环，打造织锦。其中，卷布和送经是可人工调节的，当织锦进行了一段时间后，便转动齿状卷经轴，放出一段经纱，同时得到一段织锦。

花带，一种带状的平面织花手工艺品，属于织锦一类，我国许多少数民族都有织花带的习惯，瑶族也不例外。织好的花带用途广泛，可系在腰上，也可用作头饰捆系在头上，还可用作肩带，由彩带和显花纹饰带穿插制成。织造花带的老式机器是腰机（图4-1），腰机结构简单，无机架，有绑腰带、分绞棒、提综杆、

图4-1 传承人赵凤香在使用腰机织锦

竹筘、卷经轴，瑶女的腰部就是腰机的机架。织花带与织锦一样，也须分出经线和纬线，但具体的操作步骤不同。织花带的第一步是牵线，将经线按一定规律排列整齐，卷在卷经轴上，依靠板凳的边缘来绕纱线，按照需要的颜色顺序以及花带横截面宽度，将平纹带、显花纹饰带的纱线依次排好，这一步需要准备的工具有布刀、分绞棒、卷经棒以及多个不同颜色的纱锭，分绞棒、布刀平置在板凳上。准备工作完成后，就正式开始牵线，即牵绕经线，扯出一种颜色纱锭的一根纱线头绑在长板凳的左凳脚，之后所有颜色纱线的穿插都从这里开始。织花带的第二步是穿综，在重复第一步牵绕完所有纱线后，将纱线装入坚韧的尼龙综线，以便织造过程中提起经线穿过纬线。在穿综前，将布刀立起撑开白色经线形成开口，方便综线的穿入。具体做法如下：先把综线从右至左穿入经面开口，再从最左边的白经开始，一根一根地挑起开口中的综线，这样每根经线就都有综线提起，全部挑完后再将一根彩色麻线穿进综环并打结，用于提起综线；再将一根细绳穿入分绞棒内并打结，稳定织造时晃动的分绞棒。综线全部穿完后，取一截较长的光滑竹棍，插入两层经面之间作为卷经轴，取下全部套在板凳上的经线。取下时，应拿稳插入其中的布刀、经轴以及分绞棒，以防经线掉落或者变凌乱。第三步是打花，取下经线后，选一处便于捆绑的位置，将一头绑住，作为经尾；另一头插有竹棍经轴，用一根绳子将经轴和织造者腰部绑在一起，是为经头。当还未穿纬时，瑶女可以通过反复提综变换底经和面经，并用布刀穿打，以梳理经纱的开口让其变得顺畅。上好纬线后，先织造两厘米左右的平纹，在带头横向织入一束一束色彩鲜艳的粗纱线或者毛线。

蚕锦，平板丝织物。人们用"春蚕到死丝方尽，蜡炬成灰泪始干"来形容付出不图回报的无畏，殊不知，这随蚕死而停止生长的蚕丝还可用于织造美轮美奂的蚕锦。织蚕锦是白裤瑶的特殊工艺，用于制作女子的下装百褶裙，要经历孵蚕卵、吐丝成锦、染色三个步骤。白裤瑶是一个果敢聪慧的瑶族支系，他们孵蚕卵有三种方法，第一种方法是将蚕卵搁置在一个篮子里，将篮子挂在离火坑一米的高处，借助烹饪时的温度来孵化蚕卵；第二种方法是用一块厚度适宜的布将蚕卵包裹住，然后藏在自己身上穿的衣服里面，用人体的体温使蚕卵孵化；第三种方法是将蚕卵放置在睡觉用的棉被里面，依靠棉被给蚕卵带去温度，从而孵化蚕卵。蚕孵化成熟至蚕吐丝的时候，白裤瑶妇女会直接让蚕沿着一块木板，一边吐丝，一边往返爬行，织成布状，然后用这块蚕布制作成百褶裙的裙边。染蚕丝布需要用到植物"五倍子"，"五倍子"与蚕布一起煮水，可以使蚕布染上白裤瑶百褶裙的橘黄色。染色完成以后晾干裁剪，缝制在百褶裙的下端，一条漂亮的百褶裙就制作完成了。

三、银饰工艺

（一）银饰文化的内涵

银饰作为一种装饰品，在生活习俗和婚姻习俗中都可以看见银饰的影子。生活上，一方面遇上特殊的节日和典礼时，人们会使用银饰来表达喜悦和恭贺，另一方面，当碰到不吉祥、邪祟的事情时，人们会使用银饰来消灾祈福保平安，获得精神上的满足和慰藉。此外，银饰同时也是社会地位和财富的象征，在我国的古代社会中，只有皇权贵胄或者富商豪贾才有银饰佩戴，且银饰的品质和流通数量都受到官府的管束和制约，在一些少数民族聚居区，声望越高、权力越大的人佩戴的银饰品越多。银饰文化内涵丰富，具有美学价值，能够代表地域特色，和一个群体的宗教信仰相关，也是个人审美观念和情感的表达。银饰纯白的光泽，能够给人以干净圣洁之感，许多的银饰品上还雕刻有各色各样的花纹，摸上去质感十分丰富，银饰在设计时便与人们追求美、崇尚美的精神挂钩，融入了艺术和时代元素，不仅能够使佩戴者最大限度地展现自己本身的美，也能够使其更多地享受他人对自身美的欣赏。不同地区的银饰品在设计、款式，以及风格上都有一定的区别，南方的银饰做工细致，但厚度薄、重量轻，北方的银饰用料豪放大方，厚度比南方地区的要厚，重量也更重。在佛教中，银饰是吉祥美好的象征，有着美好幸福的寓意，常被佩戴在佛像和信徒身上；在基督教中，银饰被看作是圣灵的代表。苗族的银饰品大多重量重，体积大，设计烦琐，而瑶族的银饰品体积较小，设计简约。在瑶人心中，银饰是富贵、爱情的代表，也象征瑶文化的传承，瑶族在节日盛典就会佩戴银饰，更进一步渲染了节日或典礼的氛围。

（二）银饰工艺的由来

银饰工艺由来于人们认识银饰以及对银饰的崇尚和需求，苗族银饰的历史可以追溯至黄帝时期，那时苗族九黎部落的首领蚩尤与炎帝、黄帝征战中原地区时以金作兵，足以说明当时的瑶族先民已经掌握了一定金属冶炼的方法和本领。明代郭子章《黔记》中的苗族，富裕人家以金银为耳饰。在交通不便、交流靠喊的经济不发达时期，苗民们便使用自家的资产同汉族人交换，获得银钱，并将获得的银钱交给银匠，请之将其打造成银饰。以上便是苗族银饰工艺的早期发展路径。土家族崇尚节俭，喜低调节约，但无论男女，仍然喜欢佩戴银饰，例如银耳环、银项圈、银手镯等。男子年满十五岁，左手就会戴上家人给予的保平安的银戒指，结婚的黑色礼帽上也装饰有银链子。在土家人的一些家族中，银手镯还会在女性成员中代代相传，由妈妈传给女儿或者外孙女。瑶族银饰工艺的起源也可上溯至古代，与古老的瑶文化相关。瑶族是一个饱经战乱和迁徙的民族，瑶族银饰上记载着瑶家始祖传递给下一代的语言和故事，在瑶民们心中，银是光明正气的象征，也是瑶族人民热爱自然、感恩祖先、对生活充满热忱的写照。在广大瑶族地区，流传着一个"无银不成饰"的观点。

（三）银饰的制作过程

每一件精美的银饰品都要经过选材、熔银、锻打、焊接、下料、塑模、压、刻、镂、刮、雕、錾等一系列工艺。主要用到的工具有鼓风炉、银碗、铁钎、火钳、泥模、小锤、枕墩。成品有银瓢、银铲、银戒指、银手镯、银片、银发簪、银花梳、灯笼耳环、银钎、灯笼耳柱、银雀、银锁、银铃等。

银饰的初始形态是白银，白银有许多品类，不同品类的白银色泽和柔软程度不同，而不同的银饰对材料的色泽和柔软度的要求是不同的。白银选好后，便开始熔银，白银通常都是大块的，将白银熔化以后才可制作银饰，因此熔银是第一步。将大块银料拿锤子砸成小块之后丢入坩埚，使用木炭、柴火等加热坩埚，使纯银熔化。纯银开始熔化时，拣出其中的杂质，并拿火钳夹起坩埚，将坩埚中熔化的纯银倒入事先准备的模具中，用小锤子捶打装饰模具使液状的纯银集合成一小块，但是需要注意力度，力度过大则会破坏银饰的原有形状，甚至造成模具的损坏，还要注意不要因为捶打而使模具中的熔银内部有空隙。

熔银过后是锻打，脱去模具，趁热银上留有余热开始锻打成所需要的银饰的大概轮廓，此步骤需要多次重复进行，因为单次锻打不能使银片达到适宜的厚度，也不能打造出所需要银饰的大概轮廓。锻打过后是组合，一块银片只能制作结构简单的银饰，结构复杂的银饰需要各种形状的银片组合而成，组合银片即将各种形状的银片参照设计图纸组合在一起，然后使用铅托托住和固定已经组合的银片。

银片组合以后就进入了镂、雕、錾、抽丝、炸珠、镶嵌、剪裁工序，统称为"雕花"，即在银饰上使用各种各样的工艺加工图纹，雕花工具有小锤、若干錾子，錾头有尖、圆、平、月牙形、花瓣形等多种形状，具体的选用根据需求选择。银饰制作的最后步骤是洗银。由于经受了明火加热和多次捶打，银饰表面会变成黑色，黏附有杂质，洗银就是用火将银饰烤热后投入酸性较强的液体中，取出放进清水中用工具刷刷洗，使银饰恢复原有的颜色。

如果是制作配饰众多的银饰品，则还需要进行整合和装饰，将已经制作出来的银品与设计图纸进行比对，看是否有漏掉的花纹或者配饰，每一个配饰的装接步骤和位置都不能错，否则制作出来的银饰就变成了残次品，因此这道整合的工序十分考验银匠艺人的手艺。

四、其他服饰制作工艺

（一）刺绣

刺绣是中国优秀的传统工艺之一，历久弥新，起源可以追溯至古老的新石器时代，当时人们将拾到的贝壳、珍珠用针线串起来，挂在脖子或者系在衣服上以示美观，后来，这种方法就演变成了刺绣，刺绣也逐渐发展成一种有个性的手工艺，随着时间的积淀，刺绣的技艺和样式逐渐丰富、格式化。周朝，刺绣技艺常见于贵族服饰的制作，基本每个贵族府邸都有常驻的刺绣手工艺人。到了汉朝，丝织业得到飞速发展，刺绣技艺也获得了进一步完善。汉朝的刺绣工艺品色彩华美、绣工细致，被视为刺绣发展的鼎盛时期。唐朝，刺绣技艺发展到达一个新巅峰。唐朝的刺绣题材多为花鸟、山水，每一幅刺绣工艺品上的图案都惟妙惟肖，有极高的观赏价值，惹得众人嗟叹。明清时期，刺绣技艺仍在发展，出现了许多新奇的刺绣针法及绣工超强的民间手艺人，如平针绣、雕绣、蕾丝绣、锁绣、编绣等。这些新型针法的出现，使得刺绣工艺品的样式更加出神入化，风格更加多样。现在，刺绣已经成为一种独特的传承手工艺艺术，被广泛地应用于服装中。同时，刺绣变成了一种不可或缺的中华文化符号，是中华优秀传统文化的代表之一，但培养一位出色的刺绣手工艺人，非一朝一夕之事，在瑶族聚居区，瑶族女孩们从小便跟着母亲、祖母们学习刺绣技巧，因此刺绣传承人也被誉为大国工匠。

瑶人刺绣，多为红黄绿白黑五种颜色，绣在白色或黑色布上，故实际上只需彩线四种，其所用颜色虽简单，但配合得宜，亦粲然耀目。花纹形状皆为几何式的利用直线、平行线、方形、三角形、菱形等制成的各种图样，然绝不用曲线及圆形，此为甚可注意之一点。❶瑶族刺绣工艺的产生时间，最早可溯源至瑶族始祖盘王的传说。据瑶族《评皇券牒》记载：盘瓠因取高王头颅有功，被评王招为驸马，迎娶公主的那天，为了不让浑身毛发的他直接暴露在众人面前，只能将五色上衣、花带、花帕、花裤穿戴一身以遮掩其四肢上没有退化成功的毛发。❷在盘瓠死后，瑶族子孙此后都身着花衣，以此纪念他们的盘王。

---

❶ 刘耀荃，李默. 乳源瑶族调查资料[M]. 广州：广东省社会科学院，1986.

❷ 李本高. 瑶族《评皇券牒》研究[M]. 长沙：岳麓书社，1995.

据历史记载，宋代瑶族刺绣技艺十分纯熟，明末清初已达鼎盛。瑶绣刺绣的图案、花纹的颜色都有约定俗成的要求，用布也很讲究，在不同的布料上所采用的技巧和绣制的图案都是有区别的。整体上采用红、黄、白、黑等五色丝线为材料，以黑布、蓝布或白布为底，除了在服饰上刺绣外，也可制作单独的绣品，比如伞袋、香包、背包等等。瑶绣配色大胆明艳，与他们的生活环境息息相关，深山老林、云烟环绕，瑶族服饰与周围的环境形成鲜明的对比，体现了瑶族人民对美的追求，对美好生活的向往。如广东排瑶女子的盛装（图4-2），绣花衣的肩部、绣花裙的下摆、绣花冠的外部的红色看上去似乎是整块红布，其实都是用红绒线密密绣制的；白色或黑色的底布上所绣的纹样也多以红、黄、蓝色为主，比较浓艳。但是广东过山瑶的服饰中红色相对较少，大面积使用黑色、蓝色，即使盛装也是如此，所以过山瑶的图

图4-2 排瑶女盛装
（来宾市金秀瑶族自治县瑶族博物馆藏）

案在凝重的黑色和蓝色上显得更加突出。还有湖南境内的花瑶服饰色彩鲜明，与翠绿的大山形成强烈的色彩对比，显得花瑶女子更加明媚动人。可见，生活在不同的生态环境下，对瑶族人的审美也有很重要的影响。

刺绣在瑶族服饰制作中发挥的作用主要是装饰，用于门襟、袖口、裤脚、裙边、腰带等部位的生产过程中。绣布过去是瑶民自养、自纺、自织的土布，现在大都是机器生产的涤纶布，涤纶布比原始土布细腻，能更好地展示刺绣的图案，也能解决刺绣途中由于布料粗糙造成绣线磨损卡壳的问题。刺绣的绣线以前是自己上色的蚕丝线，现在使用的五颜六色的绣线多由工厂出品。

刺绣除了直针绣、锁针绣、回针绣、打籽绣等基础针法外，还有网绣、破线绣、堆绣、剪贴绣、数纱绣、盘轴滚边绣等针法，扎针可用于鸟爪的创作，蹙金针可绣制鳞片、羽毛。垫绣用于达到凸起效果，由平针绣的竖平针和横平针组合而成。先绣若干针竖平针，再使用横平针，压在已绣的竖平针上。除此之外，还有高难度的雕绣，又叫锁边雕空，可产生通透效果。雕绣分阴雕和阳雕，雕空成花为阴雕，雕底留花为阳雕。

直针绣：也叫平绣、齐针绣、出边绣，用于表现绣面，因其最后成品绣面的绣线穿行方向、针脚都整齐划一，故名直针绣。直针绣是九大刺绣针法中最早诞生的绣法，也是最基础的绣法，在刺绣图案时作为直线的表现方式，总的来说，凡是牵扯到直线，都

可以使用直针绣来表现，有竖平、横平、斜平三种。在古老的瑶族刺绣作坊中流传着"平针绣，匀、平、齐、顺"的口诀，"匀"是指绣在绣布上的绣线之间的间隔要均匀，不能有的间隔大、有的间隔窄；"平"是指平针绣绣出的绣面要平整，不能出现绣线交叉、绣线重叠导致绣面坑洼不平的现象；"齐"是指起针点和落针点要整齐，必须落在特定的位置；"顺"是说绣面上每一段绣线的运动方向按次序朝同一方向。

锁针绣：又叫穿花、套花、锁花、络花、扣花、拉花、套针、连环针，用于绣制实心的不能全部使用直线勾勒的植物、动物等图案，例如花朵、鱼、树等，这些图案用直线已经无法呈现，便要使用锁针绣绣法。锁针绣第一针的起针点和落针点都在同一位置，在纹样的底部，落针时将绣线扯至绣针下，让绣针压住绣线，形成闭合的图案，一直反复，直到图案绣制完成。江华平地瑶的绣花鞋就运用了大量的锁针绣技艺。

回针绣：又名倒退绣。在绣制过程中有针法的倒退，使用这种针法，绣布的正面和反面都会显示一样的图案。从绣布背面入针，绣布正面出针后在绣布正面选取一定的距离又从绣布背面出针，然后回到第一个入针点和出针点。

打籽绣：又叫打子、打疙瘩。在绣地上绕一圈于圈心落针，也可绕针三圈，于原起针处旁边落针，形成环形疙瘩。此针法可用于花蕊，也可独立用于花卉等图案。

网绣：网绣针法变化灵活，绣制的图案清晰秀丽，呈几何网状，具有渐变效果，使用网绣针法时运用网状组织方法行针。

破线绣：破线绣是一种把一根丝线分成若干股的绣法，需要准备皂叶子、若干绣花针、剪刀、布匹，以及图案剪纸等工具，绣面以剪纸为底，破线绣勾勒出的图案层次分明，纹理清晰。

堆绣：唐代产生了丝绫堆绣，丝绫堆绣是堆绫和贴绫工艺的发展。堆绣的主体是堆绫，绣制是辅助，有平剪堆绣和立体堆绣两种形式。平剪堆绣是指将已经经过剪裁的各色布料图案堆积贴在事先准备好的白布上，再用彩线绣制图案的边缘。立体堆绣是指在剪好的图案里面垫上棉花或者其他棉状物使图形凸出，然后在对称的绣布上进行粘绣，再将所有堆绣好的图案合并在一起形成具有立体感的画卷。

剪贴绣：又称补花绣、割花绣，是一种将剪纸工艺与刺绣工艺相结合的绣法，基本操作步骤是将剪纸图案平整地贴在底布上，然后运用各种针法锁边。既可先刺绣后贴布，也可先贴布后刺绣。

数纱绣：又称十字挑花绣、挑绣，运用丝线遵循布面的纵横挑花，数纱绣所依据的纹样图稿由家族世代承袭，分为素挑、彩挑、十字针、回复针、正挑、反挑等类别。

盘轴滚边绣：分盘轴绣与滚边绣，使用盘轴滚边绣绣法时，准备两根绣花线，以其中的一根为轴线，将两根绣花线缠绕在一起形成更粗的绣线，然后用粗绣线去绣制花纹轮廓，这就是盘轴绣。滚边绣是准备三根白色绣线，以一根为引线，将另外两根白色绣线缠绕到引线上，然后用新做的绣线在绣制好的花纹轮廓边缘滚边。

瑶族的服饰刺绣运用得最多的是反面挑花技艺和直针绣，反面挑花技艺从绣布背面起针，正反两面构图，正面的图比较清晰，反面的图相对模糊。

（二）缝纫

缝纫是将服饰的零部件组合在一起的手段，有直线缝、环形缝、翻边缝、卷边缝等不同缝纫方法，一件衣服的缝制会使用多种不同的缝纫方法。锁边缝又叫包边缝，瑶服裤脚边、衣袖、上装的底部大都为包边，一是为了防止面料边缘裂开，二是为了使服饰的边缘美观、整洁。在原始以及科技不发达的时期，瑶服缝纫都是瑶女手缝，现代瑶服的缝纫多采用缝纫机缝纫，大大加快了制衣速度、提高了缝纫质量。

缝纫机由下表面板、上表面板、导向板、缝纫手柄、串线器、折针、线杠、线切器、调节螺钉、踩脚板、电机11个部分构成。其中，串线器是连接缝线和缝纫机的桥梁。上表面板是缝纫机的工作台，工作间和缝纫机底部之间的间隔由上表面板的高度决定。踩脚板是用于调整缝纫机运行速度的踏板，脚踏得越快，缝纫机就工作得越快。导向板用于控制布料的运动方向，打开缝纫机的总开关后，导向板便开始工作，工作原理与现在的手扶楼梯式电梯相似。缝纫手柄是用于缝纫的一种手动装置，通过手部的发力可以使缝纫机头部移动，实现布料的缝合。折针是用于创建缝线的曲线轨迹的一种针。下表面板是缝纫机的底座，能够为缝纫机的结构稳定提供支撑，也能够为缝纫机的稳定工作提供保障。线杠则用于在缝纫机上调整缝针的位置。线切器是将线剪断的一种机械装置。调节螺钉用于调整缝纫机的线和针的高度。电机是驱动缝纫机的装置，相当于汽车的发动机。

缝纫机的工作原理是基于机械动力，依靠缝纫机上的各个构件互相配合、协同运动完成服饰的缝合。当踩下缝纫机的脚踏板时，电机会带动缝纫机上的各个构件运动，如导线板、移动针杆、弯曲折针、缝纫手柄、带动线轮等。在操作缝纫机过程中，将裁剪好的布料平放在导向板上，通过一定的操作和调节，使针和线杠瞄准需要缝合的布料，然后踩下脚踏板，缝纫机上的各个构件就会开始运行，线和针在需要的位置进行缝合操作。缝合布料时，针穿过布料在布料下面直线移动，与此同时线从线轮中通过，穿过缝合针在布料上面形成缝线。这样，针头下降穿过两层布料再回来，缝线就夹在了两层布料之间，从而将服装零部件紧密地缝合在一起。

（三）绣花鞋

绣花鞋穿着舒服，轻便透气，造型雅观精致，因此成为瑶族的传统足服，每个支系都掌握着绣花鞋的制作工艺，并有着本支系的绣花鞋样式，长辈为晚辈制作绣花鞋有传达爱和重视之意（图4-3）。依据绣花鞋的鞋头造型，瑶族绣花鞋的种类有"尖嘴鞋""圆嘴鞋"和"三寸金莲"。尖嘴鞋鞋头纤细，状似"尖嘴"，依据鞋嘴上翘程度的不同又可分成"勾尖鞋""平尖鞋"，"勾尖"鞋头向鞋面内勾，"平尖"鞋口肥大，鞋尖细平。

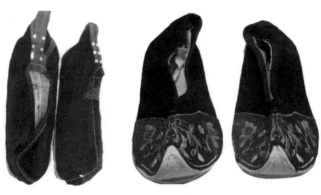

图4-3 过山瑶绣花鞋
（来宾市金秀瑶族自治县瑶族博物馆藏）

完整的绣花鞋工艺包括前期的材料准备、鞋底工艺、鞋帮工艺、鞋面工艺、绱鞋工艺。瑶族旧时制作绣花鞋，材料大部分自给自足，如绣线、用作鞋面的棉布都是自种、自纺、自织，黏合胶剂也是纯天然的桐禾米。桐禾是瑶族农耕产业中最主要的粮食产物，别名大禾，是一种高茎水稻，一年一收成，种植难度大、产量低。相比一般的杂交水稻，桐禾米更有黏性，鞋面与鞋底的黏合，或者是布料的黏合等都可以使用它。使用桐禾米黏胶的鞋子会更硬实，就算走路踩到石子等尖锐物也不会觉得硌脚。桐禾米胶剂由桐禾米制作而成，将桐禾米用大火煮熟、趁热捣碎，然后用竹片将其在需要黏合的部位抹匀，用桐禾米黏合剂黏合的绣花鞋还有经久耐用不发霉的好处。剪刀、木板、针椎、顶针都是制作绣花鞋要用到的工具。针椎由尖细的针头和圆形手柄组成，用于绱鞋。

鞋底工艺的第一步是打袼褙，绣花鞋的鞋底一般是布制的，现在也有胶制的，将布片使用桐禾米胶糊成鞋底的过程就叫打袼褙，布片可以全部是旧布，也可以全部是碎布，还可以是碎布和旧布混合。第二步是摹底，将袼褙修剪成鞋底的规范形状。最后一步是纳底，用针椎在鞋底均匀地穿孔，然后使用缝线穿过扎好的孔，纳底的意义是稳定鞋底结构，使鞋底不易散架。纳底一般需要花费1~2天，在此期间，瑶女们可以一边纳鞋底一边串门话家常，也不失为一种乐趣。

鞋帮是指罩在鞋底上的部分，鞋帮工艺是整个制绣花鞋工艺中难度最高的工艺，将设计图稿上鞋帮的样式临摹到袼褙上，然后用剪刀将纹样从袼褙上剪下。图案是绣花鞋鞋帮的重要成分，在鞋帮上绣图案，首先要将图案设计在白色图纸上，然后把图案从图纸上剪下，按轮廓剪成小块，粘贴在鞋帮需要绣制图案的位置，还要剪裁硬度较大的牛皮纸或者卡纸内衬贴在有图案纸片的背面，方便图案成型，然后就可以开始在纸片上绣绘图纹了。鞋帮图案绣好后开始粘鞋帮的纸内衬，在鞋帮的内里刷上一层厚厚的铜禾米胶，把提前准备好的纸内衬沿着轮廓附着在鞋帮上，除了内里的纸内衬，鞋帮底部还有布内衬，可以御寒、增加绣花鞋的舒适度。鞋帮的制作过程使用了多块布料，为了预防布料的边缘凌乱，瑶女们还会对鞋帮进行包边处理，同时鞋嘴也会包边。以上一连串的工艺结束后，就可以用麻线合帮了，代表着鞋帮制作完成。

从严格的绣花鞋结构来说，鞋帮是鞋面的一部分。鞋面工艺除鞋帮工艺外还有刺绣工艺，在鞋面上刺绣的针法、原理和头服、上装、下装相同，只不过何时刺绣、是否需要借助其他材料要遵照制鞋的流程和规矩。

将服装中的各个零部件拼凑在一起有缝纫工艺，鞋的零部件组合是绱鞋工艺，具体是说将鞋底和鞋面用线连接在一起，成为完整的绣花鞋。与合帮工艺一样，绱鞋工艺使用的线也是麻线，用针椎沿着鞋底边缘均匀穿孔，针孔穿好麻线后从鞋底侧面入针，穿过针锥的针孔、鞋帮的布衬从鞋帮内部出针，注意出针时不要太过用力，要在鞋底侧面留有足够长的麻线，与出针处间隔合适的距离后把针从麻线上取下，穿在留在鞋底外侧的麻线头上，然后将针穿入针锥扎好的第二个针孔中，和第一针一样从鞋帮内部出针，把第一针留下的麻线头插入第二个孔中，这时第二个孔中就有两个麻线头，往相反的方向拉扯两个麻线头，扭紧之后重复前面的操作，直到鞋帮边缘和鞋底边缘完全连接。

（四）拼布、贴布

拼布、贴布工艺历久弥新，源远流长，具有深厚的历史和文化底蕴，是瑶族服饰工艺的重要组成部分。拼布、贴布在瑶族服饰中的运用一方面增加了瑶族服饰的使用寿命，有些平地瑶地区女性上装的袖子使用的就是拼布和贴布技艺，大袖筒套小袖筒形成可供使用的长袖，当袖口部位受到磨损或者其他的破坏性损伤时，把下面的袖筒拆下换上新的袖筒即可，无须翻新整个袖子，省时省力，节约资源；另一方面也提高了边角布料的利用率，拼布、贴布对布料的面积要求不高，一些废弃的布料都可经过拼布、贴布而成为服饰的组成部分。

拼布是指将布块拼合在一起的手工艺，以棉布和麻布为主要原材料，可以将不同颜色、不同质地的布匹整合在一起形成各色各样的图案，创造独特的艺术效果，在许多少数民族以及汉族地区都有拼布工艺。早在东汉时期，我国佛教僧人的"三衣"就已使用拼布工艺。在民间，拼布工艺也早已被广泛使用，家喻户晓的"袈裟"就是由多块长方形布片拼接而成，一些汉族地区更是流传着刚出生的婴儿要穿拼布百家衣保健康平安长命百岁的习俗，百家衣不仅仅承载着希望得到百家的庇佑和祝愿，还蕴含着浓浓的父母之爱。傈僳族的黑布绸衣、阿昌族的服饰、朝鲜族的妇女服饰、壮族妇女制作的小孩背扇都运用了拼布工艺。黑布绸衣的左右肩处是红、绿色布块的拼接，襟边处是蓝、绿、白、红色的布块的拼接。阿昌族的服饰当襟边或者下摆处受到损坏时，可以拆掉旧的布块更之以新布块。朝鲜族妇女服饰的衣领部位、袖子部位、衣襟部位的制作都是拼布。壮族妇女制作背扇时，剪下不同颜色的棉布拼接到一起，形成色彩丰富的背扇。瑶族拼布源于瑶族生产生活的社会实践，也是瑶族的人民勤劳、智慧的结晶之一，且应用非常广泛，既可用于制作服饰的头服、围裙、上装，也用于制作被褥、窗帘等家居用品。衣服上重要的图纹，如八角花、太阳纹等也可使用拼布工艺。拼布工艺的存在和大面积使用也是瑶族服饰色彩鲜艳的重要原因之一。

贴布是在"堆绣"等工艺的基础上发展起来的一种特殊民间手工艺，在民国以前，贴布只在社会的上层家庭中流行，制作贴布品是名门闺秀的爱好和消遣娱乐，后来，随着社会的发展和大众意识的觉醒，贴布工艺逐渐从上流社会渗透到了普通民众。瑶族贴布是指将各种各样布料的边角碎片拼在一起，然后贴在服饰原有的底布上，再用特制的针固定贴布的边缘。用针固定贴布的边缘时，针与针之间的间隔不能过大。贴布除了边缘需要固定外，纹样的特殊位置也要固定，使贴布更牢固稳定的同时，也能使布贴上的纹样更鲜活、栩栩如生，如动物纹的头、眼等处，植物纹藤蔓的叶和叶脉。

（五）镶边、绲边

镶、绲是针对服饰边缘部位的工艺。镶边、绲边工艺是重要的装饰工艺，瑶族服饰上的许多装饰都来自镶边和绲边工艺。

"镶"在词库中有两种释义，一种是把一个东西嵌入另一个东西内，另一种是在另一物品的边缘加边。镶边是指将花边、边带以及一些其他装饰品镶嵌在服装袖口边缘、衣领边缘、下摆边缘等部位。镶边的种类有块镶和条镶两种，条镶依据最后所处的位置可细分出边条镶和条镶，按照使用的布条的数量又可细分出单条镶、多条镶，依据材料的种类，有花边条镶、布条镶。块镶之名源于其形状，用于块镶的布料一般呈三角块状、圆形块状、方形块状以及多边形块状。镶边时，第一步是遵循整体的衣身样式、服饰文化以及镶边需求，并且综合当地的人文环境，选择合适的镶边材料、镶边颜色以及镶边类别，镶边的材料的选择关系到服饰最终的美观效果，过山瑶围裙的镶边一般使用的是橙色长布条。镶边的第二步是勾画镶边图案，不同的服饰部位有不同的镶边形状要求，有些部位需要三角形的镶边，有些部位则需要长方形的镶边，设计的镶边图案要与镶边部位的形状相协调，以增加服饰整体的艺术效果。镶边需要准备的工具有剪刀、量尺、针、线等。坚硬物品的镶边操作比较简便，可以使用胶水或者糨糊黏合，服饰的镶边需要手工缝制，有时可借助缝纫机。在切割、剪切镶边材料之前，应检查切割工具和剪刀的刀锋是否锋利，保证切片的光滑，如果刀锋较钝，镶边材料会有毛边。

"绲"有五种解释，一是古时帝王和侯爵的衣服，二是通昆明的"昆"，取后代子孙之意，三是带子成品，四是衮职，五是通"衮"。绲边，也叫"滚边"，是在衣服、布鞋的边缘安装一种圆形边的工艺。制作绲边的第一步是确定绲边宽度，根据所需要装饰绲边的服饰的宽度确定绲边的宽度，总的说来，绲边的宽度应该与服饰的宽度相协调。制作绲边的第二步是确定绲边材质，根据需要装饰绲边的部位的材质和大小选择合适的绲边面料，绲边的厚度不能太薄，也不能太厚，应与装饰部位相适宜，太薄易磨损，太厚影响美观。第三步是缝制绲边，将准备好的绲边调整好位置贴在需要装饰的部位（这里的贴是指确定大体位置即可，无须使用胶水、糨糊等黏合剂），用针线将其与服饰底布缝在一起。缝制时，针脚的排布要细密均匀，一边缝一边注意绲边的长度，防止缝纫完成后有需要绲边的地方无绲边。制作绲边的最后一步是熨平，将新缝制滚边的部位采用熨斗或其他工具熨平，也可省略。

（六）编结、缀物

编结在我们的日常生活中非常常见，使用也非常普遍。塑料袋装满时，会将左右提手交叉编结防止塑料袋里的东西掉落；当我们需要捆绑某些物品时，也会使用绳子编结；收拢窗帘时，也会编结。服饰制作里的编结工艺是指用绳索、带子等材料通过钩织、交叉等手法编成结，缝制、钉在衣服上，或者做成衣服扣子固定在衣服上。编结在唐宋时期是一种装饰艺术，明清时期得到命名，现在编结已经有了多种种类，例如如意结、盘长结、同心结、双鱼结、中国结等。而且各色各样的结和服饰上的图纹一样，都有自己的含义，如意结有吉祥如意之意，盘长结是希望人的生途能和结上的绳索一样往复，即长命长寿。

同心结多出现在婚庆场合，寓意新婚夫妻能够永结同心，恩爱到白头，爱情如"在天愿作比翼鸟，在地愿为连理枝"一般美好。中国结主要用红线编织，中间部分是板正的方形，已经成为中华民族的一个代表，许许多多的爱国人士以会编中国结、会制中国结为傲。

　　瑶族服饰的编结工艺在头服、上装、下装中都有体现，许多瑶族地区喜爱以盘布缠头，盘头布缠到一定位置就会以编结收尾。云肩、胸兜、围兜、腰带等两端都有绑带，穿时绑带作结以维持其在身体的位置。有些支系的上装两门襟处有盘扣，盘扣以盘结形成。红瑶妇女系腰带时，腰带的两端在腰后位置形成"犬尾饰"，这也是一种特殊的结。

　　白居易的诗"黄金印绶悬腰底，白雪歌诗落笔头"，其中"黄金印绶"说的就是当时的一种黄金吊坠，由此可见，以缀物作装饰的工艺和拼布贴布、镶边绳边等工艺一样，在我国的古代就已出现。瑶族服饰的缀物工艺有悬挂式、附着式（图4-4）两种表现形式，其中悬挂式的缀物装饰一般位于服饰的底部，悬空装饰，会随着人体的运动而摆动，极具动态感和美感。一般是串珠、流苏、彩线。白裤瑶男子的上装左、右胸间处就装饰有彩带制成的军队勋章样式的流苏装饰，流苏除了顶部，其余腾空悬挂至男子的大腿处。又如过山瑶帽子后面的线穗装饰，垂直披于脑后及后肩处。串珠坠物由黑、白两色的珠子串在一起形成，《皇清职贡图》描述的顶板瑶女性"缀以琉璃珠"，琉璃珠就是这种串珠缀物。串珠缀物制作周期要比流苏、线穗长，但其给人的感觉更精致。瑶族服饰的披肩、腰带的边缘，哈喜的末端多流苏缀物，流苏的颜色有时和装饰主体一样，有时又异于装饰主体。附着式缀物是指缀物装饰随着穿着主体的运动而运动的幅度较小，甚至没有运动，它们身体的绝大部分都被固定在服饰上，体积较小，例如帽上的银片、铃铛、绒球等。

图4-4　铃铛附着式缀物
（贺州市八步区李素芳工作室藏）

第五章

南岭走廊瑶族服饰的
图纹形态特征

第一节 ■ 服饰图纹的文化形态

　　民族装饰上图案是人汲取自然物质从而创造出来的人文色彩很浓的民族符号，因而这些物品上的图案容易被附会上人的气质与品格，不可避免地被赋予这个社会的宗教、文化内涵。在学会使用汉语之前，因为长时期的迁徙，瑶族没有了自己的文字，多采用图形符号或刻木刻竹的方式记事计数，可以说瑶族服饰上的多姿多彩图案、纹样和符号，就是瑶族族群从远古传承下来的记事纹符，它们无声从容地诉说着瑶族的历史。古时"纹"通"文"，其意义可通用，服饰上无数图文符号的排列组合，构成的不仅是一幅美丽的图案，也是一部关于瑶族生命起源、民族历程的伟大史诗。源于图腾崇拜意识、民族历史与神话故事，以及对大自然眷恋之情的瑶族服饰图案，在岁月的变迁中，由于受到生产力与生产技术、自身思维意识与社会意识形态等诸方面的影响，体现着不同的社会演变动机和发展机制，并呈现出极为丰富的形式与内涵，作为一种特定的符号类型，蕴含着深刻的瑶族文化的印记。所以，将神话人物、生活原型或者自然事物主观能动地进行艺术抽象，经过想象加工和技艺完善，使其形成本民族的独特的图案符号，是瑶族服饰传统图案的鲜明特点。

一、图像——碎片化的文明

　　人们对于图像的理解往往比理解文字要快得多，就比如我们在欣赏一篇文章的时候通常会用生动形象、直观等这样的词语来形容它。相较于文字这一需要依赖于共同的符号体系才能深入理解的抽象事物，图像无疑更加地简洁明了与直观，也就是说我们现在的文化运作方式与文化生活形态主要是由图像的呈示与观看来构成的。在人类的思维发展史上，图像思维远远早于抽象性思维。受到周边生态环境和本民族生产力水平的制约，瑶族人民只能通过口耳相传、耳濡目染等方式来传承自己的民族文化。直到聪慧的瑶族人民发现了可以将自己的史诗与周边的事物留存在自己日常的服饰或用具里，这样既可以有装饰的作用，也利于永久流传自己文化。盘王印就是瑶族服饰图案的典型代表，它是人们对祖先记忆的延续，也是人们对美好生活向往的寄托。它既是一个独立图案，同时也是一个组合型图案，它代表着瑶族人民对生活向往和对自我民族历史的深切怀念。

通过梳理文献，"盘王印"最早出现在《后汉书·南蛮西南夷列传》中："其父有功，母帝之女，田作贾贩，无关梁符传，租税之赋。有邑君长，皆赐印绶"。[1] 在民间也有流传，在各种压迫下的瑶族人民为了族群的延续发展只能常年迁徙，但是路途遥远且路线复杂，人员很容易散失，所以在衣服绣上"盘王印"标记以便辨认。现有瑶族研究成果表明，当今瑶族支系众多，因为地形原因，瑶族在我国南部分布范围十分广泛，他们因躲避战乱只能南下并定居在深山之中，在分散迁徙的过程中与当地的文化融合，又加上交通不发达，所以与本民族或其他民族之间的交流并不频繁，以上种种因素共同作用，便导致了"十里不同音、十里不同俗"的现象，故各支系的"盘王印"也因地域差异、文化环境等因素各不相同，但万变不离其宗，各支系的"盘王印"还保持着其独有的规律。

相传"盘王印"是盘王的印章，所以位于广东地区的排瑶人民会将其绣在衣服上，作为一种荣誉的象征，不忘祖先。尤其是在绣花冠上绣盘王印，在以前只能是有威望的妇女有资格绣出这一象征祖先的图案，在绣制这个图案之前还要挑选一个吉利的日子，在一天内不能挪动位置，同时要不能接线地一口气绣完，总之是不能有任何形式的间断，否则会视为不吉利，遵循这样的规则刺绣出来的绣片，人们才乐意运用到自己的服饰当中。此外，排瑶族人民认为将盘王印的纹样绣在自己衣服上，使妖魔鬼怪不得近身，能祛灾辟邪，缓解病痛，它可以保护族人平安健康。儿童花帽的顶部绣有"盘王印"纹样，该纹样代表了长辈对孩子们的美好祝福，希望他们可以聪明伶俐、乖巧、健康快乐地成长。该地区的盘王印配色和造型都相对简洁一些，比如在绣制盛装的盘王印头帕时，采用黄、绿、白色线绣制盘王印的主体方形图案，再用大红色绣线采用滚边的方式围绕着盘王印，围绕的层数可以根据绣片大小减少或者增加，其余空白底布的周边搭配有银牌、银铃铛等银饰品，以衬托出盘王印至高无上的尊贵地位。

过山瑶服饰中的"盘王印"以正方形为中心外面套加有一个大方框，形成"回"字形纹饰区。四方"回"字的中心空间又细分为若干个区间，每个区间内部的图案呈"十"字形或交叉"X"字形，区间与区间之间以条块分隔，内框与外框之间的区域则用其他图案

---

[1] 范晔. 后汉书[M]. 李贤，等注. 北京：中华书局，1965.

填充。通常以三个"八角花"为一组图案处于"盘王印"的正中心，外部被一圈又一圈的二方连续纹样包围，其中有龙犬形纹、人形纹、鸟形纹、蜘蛛花纹、碎花纹、卍字纹等。"盘王印"左右对称，通常装饰在衣服背部，大小为30~40厘米，装饰在衣服正面的"盘王印"大小为12~15厘米。此外，外框架通常由龙犬纹、兽蹄纹等组成，而且龙犬纹的绣线必须用白色或黑色，在排列时必须在图案的最外围，图案布局密集，不留白，也不可随意改变其排列规律。过山瑶的盘王印有大小两种形式，小型盘王印（图5-1），当地又称十五节，可以装饰在服饰的任意位置，比如裤脚、门襟、衣袖等，并且采用连续平行或方形环绕排列，而大型盘王印（图5-2）作为主体图案装饰在新娘盖头、伞袋或围裙上。

图5-1 过山瑶小型盘王印
（贺州市八步区李素芳工作室藏）

白裤瑶的"盘王印"在色彩上，以浅蓝色、深蓝色、亮黄色为主，颜色变化较小，而图形组合样式较为丰富。所以它并非传统一成不变的固有模式，它有多种变换方式。矩形的外框架变换少，它是在一个矩形方框里的布局，变化因人而异，图案整体以"十"字将方框划分为五个矩形方块，最常见的框架划分样式包括四种：第一种是将划分后的五个矩形条块按照不同衣服尺寸进行放大、缩小和重复，在放大的中心部分填充"X"形纹样，缩小的"十"字纹样装饰方框，同时也会叠加运用"米"字形纹样（图5-3）；第二种是把第一种方法中的"X"形转变为"箭头状X"形或用五个"X"形连接的小正方形；第三种是在框架与"十"字方框之间划分的五部分留白处，绘绣填充图案，一般会填充双人形纹或正方形纹（图5-4）；第四种是外部框架方框用"十"字形或"箭头状X"形装饰方框，划分的五个矩形条块用单个或连续的回形纹装饰。

图5-2 过山瑶头服上的大型盘王印
（贺州市八步区李素芳工作室藏）

图5-3 白裤瑶女装米字形盘王印
（贺州市八步区李素芳工作室藏）

图5-4 白裤瑶女装十字形盘王印
（贺州市八步区李素芳工作室藏）

综上可见，"盘王印"纹饰是瑶族服装纹饰中最具有辨识度的一种组合纹饰，"盘王印"在排列上讲究相称均衡，有其独特的节奏和韵律。其组合纹饰通常以一个方框为中心，外套一个乃至多个方框形成"回"字形纹饰围绕周边，回字中间再以"十"字形"米"字形或"X"字形为主图案，随后细分若干区间板块，并在板块内填充图案。整个图案的配色以红、黄、绿、白、黑五种颜色为主，通常以亮黄色、大红色这种鲜明的颜色作为主色，中间辅以少量的白色、绿色和黑色作为点缀。每一种颜色都有其特定的意义，比如红色是太阳，黄色是人，绿色是草木万物，白色是头顶的天，黑色是脚下的土地。这些颜色所隐含的内容，正是瑶族人民在不断深入认识大自然环境的过程中所产生的特色民族文化。

二、图纹的文化形态特征

图纹的文化形态特征，即图纹文化客体的存在形式。"文化"一词英文为"culture"，关于其含义的解释众多，文化是一个向广度和深度拓展的概念。其实质含义是"人类化"，是人类创造的文化价值，是经由符号这一介质在传播中的实现过程，而这种实现过程包括外在文化产品的创制和人自身心智的塑造。❶服饰中的图纹是最能呈现出一个民族社会生活的载体。南岭走廊瑶族支系众多，且分布地域广阔。瑶族服饰纹样是一个独立的、自成体系的视觉符号群系，是瑶族历史、文化发展的结晶、更是瑶族文化的内在主观思想和瑶族自身的客观自然与社会相互作用所产生的特殊表现。在不同的自然环境和社会环境的影响下，瑶族人民把他们的迁徙历史、神话传说以及周边事物印记在他们的服饰上，世世代代传承，从而造就了瑶族服饰种类繁多、美不胜收的场面。本节根据瑶族服饰图案的取样来源、不同的历史文化内涵等，分为以下两个部分进行图纹分析。

（一）本土范式

1.植物类

（1）树纹。树木在瑶族人的生活中占有极高的地位。首先树木是辅助行走的工具，可以用来生火取暖，打猎、驱赶野兽。同时，树木也是良好的建筑用材，以前人们在建房子时，会用到两棵笔直的大树做房屋的主体，大树就像一个家里的顶梁柱一样能干。

---

❶ 冯天瑜，何晓明，周积明.中华文化史[M].上海：上海人民出版社，2015.

至今，广东瑶族的部分村寨流行着种植"椋树""婚嫁树"的习俗，当知晓家里的女人怀孕后，其家人便在自家房屋前后或在田边地角，栽下精心挑选的几棵杉树、松树或椿树此类生命力比较顽强的树苗，孩子与树木同生共长。直到20年后男婚女嫁时，便砍几棵做箱柜等家具；在建新房时，砍下1棵做房梁；年老时，后辈砍下几棵做棺椁备用。部分村寨的瑶民有种"保命树"的习俗，在村子附近划定或种植一片常绿树林作为"保命树"，寨子上谁家生了孩子，接生婆便把孩子的胎盘埋在树下，以示孩子与树同呼吸、同命运、共成长，与树相依为命。还有一些家长们根据习俗，对一些"命中缺木"的孩子，就让孩子拜树木为父母。一般拜认挺拔的古松、古樟或古枫等作为"寄父母"，因为这些树木虽然年岁古老，但是依旧生机盎然、郁郁葱葱，是最具有"长命富贵"的象征，孩子认古树为父母，可以受到庇护从而健康长大。拜认树木为寄父母通常要举行一个仪式，一般在春节前进行。同时，给小孩取一个与树有关的名字作小名，如树生、杉妹，家人此后一直叫其小名，直至孩子长大成人。此外，还有植"情人树"的习俗。人们在娶亲前都要在村头种植"情人树"，并严加管护，寓意夫妻恩爱、长长久久。如今还有一些村寨保留"情人林"，就是无数对结成伉俪的夫妻种植的，这里的树木成双成对，枝杈相拥、根须交合，且成为伴侣的两棵树的树种皆不相同，已成为当地的一道风景。

树木在瑶族人民心中的位置如此重要，所以瑶族服饰的树纹图案多为枝叶繁茂且高大挺拔，多刺绣于衣、裤、头帕、背带等，有时单独一株，或三五成行，或平行排列成片（图5-5）。在广西金秀大瑶山中，人们把对树木的崇拜体现在大树花的刺绣当中，大树花多用在新娘的盖头上（图5-6），寓意是新娘到了夫家，要管理好家庭，就像家里的顶梁柱，男子也是一样，夫妻俩认真经营自己的小家。与前面不同的，这里的大树花是十字形，通过菱形来表示树叶的形状，当地大的树木大多是阔叶类乔木，叶片较大，所以采取的是树叶的形态，而不是树木的形态。根据装饰部位调整大小，一般新娘盖头、背包、围裙等是绣有上下左右对称的大树花，而在围兜上就相应缩小绣上一半的大树花（图5-7）。

图5-5 裙子上的树纹　　　　　　图5-6 大树花　　　　　　图5-7 一半的大树花
（来宾市金秀瑶族自治县瑶族博物馆藏）（来宾市金秀瑶族自治县赵凤香工作室藏）（来宾市金秀瑶族自治县赵凤香工作室藏）

（2）梧桐花纹。该图案在造型上是由四株花和相连的花枝组成，其中花枝形状呈现"W"形，在色彩上，梧桐花纹通常用白色或者红色线刺绣在师爷裙、妇女头巾布、童帽、上衣胸前的方块式图案和伞袋布面等位置，在刺绣技艺上，采用"横向"刺绣行针方式。关于梧桐花形纹的来源，与"进山祖"传说故事有关，有一首广为流传的歌曲："延松爱长在山崖，清泉爱处在山旮旯，凤凰爱栖梧桐树，侬家爱看梧桐花。"具体是说，瑶族的祖先在开山后，在居住的瑶寨种上了许多梧桐树，梧桐树不仅美观，同时也是很好的建筑用材和燃料。刺绣出梧桐花形纹配置到服饰上，表达对先祖开山拓荒功德的纪念与感谢。

（3）八角花纹。八角花形纹又分为小八角花纹、中八角花纹和大八角花纹，不同的大小对应着八角花开出嫩芽、开出花蕊及开出果实的三个阶段，在色彩上，八角花纹一般有红色、红白色、红黄绿色等组合，小八角花纹（图5-8）和中八角花纹在各类服饰品上常有出现，而大八角花纹较多出现在大头帕、围裙正面和伞袋正反面等配饰物上，在刺绣技艺上，主要使用"十字绣"行针方式。关于八角花纹的来源，有"山神赐宝树"的传说，八角是人们在大山里能够直接获得的物资，不仅是著名的调味香料，被广泛用于食物调料中，还有很大的药用价值和经济价值，与瑶族人民的生活息息相关，可见八角花纹在瑶族人民生活中的重要性。此外，八角花因其独特对称的构图，在瑶族绣娘们的手里不断创新发展，通过改变图案的大小、方向和颜色搭配创作出了许多新的作品（图5-9、图5-10）。

图5-8　小八角花纹
（来宾市金秀瑶族自治县赵凤香工作室藏）

图5-9　未完成的创新型大八角花纹
（来宾市金秀瑶族自治县赵凤香工作室藏）

图5-10　创新型大八角花纹
（来宾市金秀瑶族自治县赵凤香工作室藏）

（4）碎花纹。碎花，意指分散在服饰或其他装饰品各处的花。八节碎花纹在结构上，每段共有八节，其余四个部分的空位相应填充完整。其中十节、十一节、十三节、十五节、十六节碎花纹的结构与八节碎花纹的基本结构框架是相似的，不同之处在于节数越大的，里面分割越复杂，不断被分割成很多小的三角形花纹，在组合上越丰富。碎花纹在刺绣时习惯用红、黄、绿和黑四种颜色来搭配，分别出现服饰中等多处，在刺绣技艺上，均采用"十字绣"的行针方式。碎花纹的来源与瑶族姑娘高超的创造力紧密相连，碎花纹就是绣娘掌握的所有花的组合，一般分为七个部分来绣，统称为"碎花纹"。比如玉米花纹（图5-11）小星星纹、龙眼纹（图5-12），均可以统称为碎花纹。

图5-11　玉米花纹
（来宾市金秀瑶族自治县赵凤香工作室藏）

图5-12　龙眼纹
（来宾市金秀瑶族自治县赵凤香工作室藏）

（5）松果纹。松果纹有两种刺绣方式，分别代表两种不同的松树果实，该纹样顶部造型与男人形纹顶部造型相一致，同时跟树纹也很相似，所以有的人把二者合并为一。在色彩上，以红色、绿色或白色等装饰在童帽、男女式上衣后背方块式图案上端、头巾两端、腰巾两头等位置，有时与鹿形纹搭配组合出现，但多数以单个形式出现。在刺绣技艺上，采用横向刺绣的方式。松果纹的来源，与瑶山上那坚韧不拔、傲然屹立的石上松树有关，松树经常生长在高山或石缝间，生存环境较为恶劣，生命比其他植物要坚强得多，耐旱又耐寒，大多数的松树果实在成熟后外面的鳞片会张开，果实脱落，人和小动物都可以食用。瑶族人民把松果纹装饰在服饰上，时时谨记，用于告诫人们要树立不畏困难、逆流而上的精神。

（6）韭菜花纹。韭菜花纹是演变最多样的花纹之一。在构成上，由交叉形和十字形组合而成，刺绣时先用红色绣线做好底部花瓣，随后用黄色线绣十字形，随即就可以刺绣四组弯钩，弯钩就是韭菜花的花蕊，配色根据自己的喜好来选择。韭菜作为山上常见的野菜，不可避免地成为生活在大山里各少数民族人民的可食用蔬菜之一。瑶族同胞生活的地方大多以山地为主，海拔在1000米以上，而韭菜可以适应贫瘠的土壤，极大地丰富了瑶族人民的饮食。同时韭菜花中"韭"读音同"久"，人们自然而然联想到了爱情婚姻的天长地久，所以年轻姑娘们会将韭菜花绣在荷包、背包（图5-13）、腰带、头帕等处，并将这些东西赠送给自己的意中人，希望两个人能够长长久久地走下去，同时也可以送给亲密的玩伴，表示双方的友谊能够永远保持。

2.动物类

（1）神犬纹。瑶族的始祖是盘瓠，即五彩神犬，他帮助评王打败了高王，且下高王首级。此外，在瑶族大迁徙的过程中，途经大风暴，整船瑶民差点丧命，多亏盘瓠引路才化险为夷。因此，与犬相关的纹样便用于服饰中，以示纪念盘瓠的丰功伟绩。比如出现较多的狗头纹，由狗耳、狗额、狗目和狗嘴四个部分组成，在服饰图案中常用白色绣线，绑腿则用深蓝色绣线。当然，不同支系所绣的图形也稍有变化，如西山瑶的狗头纹（图5-14）较瘦长些，东山瑶的（图5-15）则偏宽，图形会更形象些。神犬纹常与波浪纹一起组合成神犬波浪纹，装饰性更强，看起来更华丽。

（2）鸟纹。在白裤瑶中，这是一个刺绣和粘膏画共同组成的图案，在四个长方形粘膏画中刺绣四个长方形，由四个绣画一体的图案共同组成"小鸟纹"。"小鸟纹"作为女子服饰中背牌"盘王印"的一部分，一般在"印"的四个角，一共四只。每个小鸟纹两边绘制高度抽象的长方形，就像是张开翅膀展翅飞翔的小鸟。它排列在中心纹样的四周，像是默默守卫家园的士兵，时刻提高警惕不让入侵者有一丝一毫的空隙可以钻。在过山瑶的服饰上，鸟纹是单行排列出现，而且采用刺绣的方式，一般用于腰带或是围裙的填补图案（图5-16），茶山瑶关于鸟类的图纹使用最多的是鹰纹，多装饰在围裙上，色彩比过山瑶的小鸟纹更丰富一些（图5-17）。白裤瑶人将鸟看作是他们的守

图5-13 背包上的创新韭菜花纹
（来宾市金秀瑶族自治县赵凤香工作室藏）

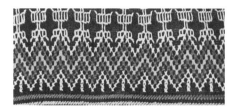

图5-14 西山瑶神犬纹+波浪纹
（来宾市金秀瑶族自治县赵凤香工作室藏）

图5-15 东山瑶神犬纹+波浪纹
（来宾市金秀瑶族自治县赵凤香工作室藏）

图5-16 过山瑶小鸟纹
（来宾市金秀瑶族自治县赵凤香工作室藏）

图5-17 茶山瑶鹰纹
（来宾市金秀瑶族自治县瑶族博物馆藏）

护神，在 1962 年 7 月，黄书光、谢名学搜集的白裤瑶民间故事中就有这样的记载：相传大洪水泛滥，卜罗陀在先知的告诫下提前将稻谷的种子藏在了红水河岸最高的悬崖上的一个岩洞里，洪水退后，白裤瑶人在鸟儿的帮助下从岩洞中取回种子，开始新的生活，从此，白裤瑶将鸟类视为朋友和守护神，感激鸟带来了保存下来的种子，也将鸟的形象绣在了衣服上，世代纪念它的贡献。除此之外，许多古籍也有关于瑶族鸟崇拜习俗的记载，如《神异经·南荒经》中的"南方有人，人面鸟喙而有翼……"，[1] 清人谢启昆的《广西通志》记有瑶族男子"年十八已（以）上谓裸汉，用猪粪烧灰，洗其发尾令红，垂于髻端，插雉尾以示勇……"，[2] 湖南江永县发现了塑有大鸟、盘瓠的东汉陶罐以及将鸟、龙犬同绘于一处的瑶族"过山榜"等。

（3）蜘蛛纹。在造型上，外侧的八个网格围绕中间的十字形，在色彩上，一般使用红黄绿色搭配组合而成，蜘蛛纹多出现在妇女头巾布、上衣胸前和后背块式图案等位置，在刺绣技艺上，采用"十字绣"行针方式。关于蜘蛛纹的来源，传说蜘蛛曾经帮助瑶族祖先走出困境，所以开始崇拜蜘蛛。还有巫文化的影响，在远古时期，瑶族先民解决问题的方法总是有限的，当遇到无法与之对抗的自然现象时，人们自然而然会认为自然界存在无法捉摸的神秘力量，便会反过来崇拜敬畏自然，进而形成巫文化崇拜，并希望通过祭拜等行为得到其力量或得到其庇护。其中，最常见的方法之一就是将崇拜的形象绣在服装上，蜘蛛在白裤瑶的民间传说中具有通鬼神、与灵魂交流的能力。在服装上绣上蜘蛛纹就是希望能够保护穿着者灵魂"安宁"，防止"丢魂"的发生。

（4）鹿形纹。在传说中，瑶家有个名叫德力的狩猎者，从小父母生病双亡，但有幸得到一对鹿的抚养。有一天，猛虎想要杀死双鹿，德力在与猛虎打斗过程中受了重伤，而雄鹿来到巨石撞下自己的角救治德力，失去了鹿角的雄鹿不久也死去了。雄鹿死后，德力伤心不已，为了报仇他专门找害人的豺狼虎豹，同时把捕到猎物分给乡亲们，妻子见德力常常思念双鹿，便把双鹿的形象绣在衣服上，这样把衣服穿在身上就像双鹿一直陪伴在一起。在造型上，头、角、颈、身、脚都齐全，头部是长矩形状，颈部较长，脚较短，尾巴上翘，整体呈现一种昂首向上的飞奔姿势。在色彩上，一般使用黑白两种颜色线，其刺绣行针手法与人形纹、蜈蚣纹行针手法相似，在服饰刺绣图案装饰上，主要刺绣在衣服正面、衣袖、头帕等显眼处，有多种排列方式，表达出"四鹿和好""各奔东西""双鹿相望"等吉祥寓意。有学者认为"鹿纹"是有着"犬身+鹿角"、并糅合龙

❶ 王国良.《神异经》研究[M]. 台北：文史哲出版社.1985.

❷ 谢启昆，胡虔. 广西通志[M]. 广西师范大学历史系中国历史文献研究室，点校. 南宁：广西人民出版社，1988.

的飞身想象，是一种典型民间民俗观念影响下的互渗性综合造型，意指瑶民心中崇拜祖先的意识形象。瑶族人民生存的生态环境决定了他们的经济生活要以狩猎为主，而鹿形纹的产生源于瑶族人民的日常生活习惯和自然信仰崇拜，极有可能是瑶族先民在描绘他们所看到的客观动物的基础上加以想象、构思提炼而得的产物。

（5）蜈蚣纹。蜈蚣在人们眼中是剧毒之物，但在绣品中它代表的却是"百毒不侵"。从前的人们因为生活在瑶山上毒物较多，而蜈蚣又是当时对人们存在威胁的害虫，为了保护家人和家畜的安全，相传人们以供养野鸡公来达到驱散毒虫蜈蚣的目的，野鸡公告诉瑶族人民将蜈蚣形象画在身上便可百毒不侵，绣娘们听说之后便纷纷绣出蜈蚣纹装饰在家人的服饰上，愿家人都能百毒不侵、健健康康。在造型上，表现为长条形，主要描绘蜈蚣的身体，由多个节组成，来源于对蜈蚣特征的模仿；在色彩上，主要使用红色绣线刺绣；在装饰上，出现在童帽、后背、裙边、绑腿、挎包等位置；在刺绣技艺上，采用竖向刺绣的方式（图5-18）。蜈蚣是瑶人敬畏的野生动物，它与瑶人生活息息相关，人们把蜈蚣的形象画在身上，祈求百毒不侵、身体健康，同样把蜈蚣加入酒中，可以做成上好的药酒，治疗百病，因此聪明的绣女把蜈蚣刺绣在服饰上，既可以让服装变得更精美，在心理上也有驱邪的作用。

图5-18　蜈蚣纹
（来宾市金秀瑶族自治县赵凤香工作室藏）

（6）鸡冠纹。鸡是瑶族人民心中的吉祥物，在传说中它是瑶族人民的功臣，在日常生活中鸡是很好的家禽，鸡冠是最能展现鸡斗志昂扬的部位，所以绣娘们把鸡冠绣制在了自己的服饰上。有小鸡冠花、大鸡冠花、对称鸡冠花三种类型，图案很好地保留了鸡冠立起来的状态，看起来十分鲜活。绣娘会根据所用布料的粗细调整图案的大小，一般来说粗布即现在的十字绣布（图5-19），其图案较大、较为清晰；而土布图案（图5-20）较为细小，且看起来更抽象。与银子花一样，鸡冠纹

图5-19　十字绣布鸡冠花
（来宾市金秀瑶族自治县赵凤香工作室藏）

图5-20　土布鸡冠花
（来宾市金秀瑶族自治县赵凤香工作室藏）

形式多样、变化颇多。作为填充图案，鸡冠纹出现在衣物的边角处，比如新娘的胸兜、儿童帽上。

（7）鸡嘴纹。在造型上，一般是左右上下对称的连续组合，上面一排的鸡嘴花是正向排列，下面一排则是倒向排列。颜色要淡色与亮色交错搭配，比如大红色、亮黄色、白色、浅绿色等进行搭配。该纹样多应用于衣领处，有精细和简洁两个版本，精细版本的鸡嘴花体积较小排版更密集，简洁的则较大。

（8）鸡翅膀纹。长方形图案斜放平行排列组合，同时加上短线表示翅膀上的羽毛，一般用在腰带和绑腿处（图5-21）。传说在有一天，天空突然变黑了，云层很厚，太阳不愿意出来照亮大地，而地上的瑶族人民正在迁徙赶路，所有照明的火把都用完了，正当人们不知道怎么办时，当时的瑶族祖先想通过祭天的方式请出太阳，占卜后发现只有牲畜的叫声才能把太阳喊出来，于是首领组织族民将随行的牲畜——拿来宰杀，直到拿出公鸡，响亮的鸡鸣声终于唤来太阳重新散发光芒，天亮了。鸡是瑶族的功臣，在衣服绣上鸡翅膀纹寓意孩子能够飞很高，事业学业均有成。

图5-21　鸡翅膀纹
（来宾市金秀瑶族自治县赵凤香工作室藏）

图5-22　围裙蝴蝶纹
（贺州市八步区李素芳工作室藏）

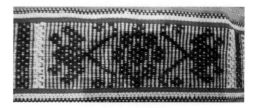

图5-23　腰带蝴蝶纹
（贺州学院民族文化博物馆藏）

（9）蝴蝶纹。图纹形象地复刻了蝴蝶双翅展开的模样，颜色有艳丽的，又有黑色素雅的。与蝴蝶元素相关的瑶族文化最具代表性的就是流行在广西富川一带的蝴蝶歌。借歌抒情是自古以来人们表达感情的方式，瑶族儿女也不例外。蝴蝶歌的唱词大多数是演唱者根据不同的场合任意发挥演唱，包括酒歌、结婚歌、欢送歌、情歌等。瑶族人民生活的方方面面都可以用蝴蝶歌的形式来表达。此外，当瑶族男女对彼此有深厚感情要步入婚姻时，女子会寻找物品作为参照，进行创作以后赠送给男方，表达女子对男子的绵绵爱意。在山中自由飞舞的蝴蝶，美丽的翅膀在阳光下熠熠生辉，展现着五彩斑斓的色彩变化，这对于喜欢追求美好的女子来说是最好的灵感来源之一，所以蝴蝶纹与韭菜花一样深受瑶族人民的喜爱（图5-22、图5-23）。

3.图形纹

（1）五指印。"五指印"是白裤瑶最具代表的刺绣纹样之一，鲜红的五个手指纹样刺绣于洁白的及膝裤子上，虽然不是具象的手掌，但是用红色线绣制的图案却极其醒目。主体五个长方形刺绣纹样，在长方形的上部有一个"花纹"和"米字纹"，在"食指"和"无名指"的下方分别装饰着"勇士纹"。勇士纹是由花纹与象征勇士的两只手臂共同组成的。在"勇士纹"上，用简练的线条，展现一只手臂下垂、一只手臂高高地举起镰刀的白裤瑶男子的形象。他们坚定地举起手中的武器，誓死保护自己的家园，威武不屈、永不退缩。也有人说"勇士纹"是一只昂扬的公鸡，举起镰刀时手臂就是高高扬起的公鸡头，垂下的手臂就是硕大的鸡尾，它就是守护家园的斗士，时刻警惕着四周的动静。而关于五指印的来源，当地也有一个悲壮的历史传说。在过去，当地的瑶族是在土司的领导下生活，但是土司对当时的瑶族先民很不友好，首领为了保护瑶族人民的生命安全以及捍卫自己的家园，与土司展开了猛烈的抗争，即使受了重伤，也是将沾满鲜血的双手支撑在膝盖上没有倒下。存活下来的人们为了纪念首领的英勇事迹，就将两只血手印绣在裤子上，永远记住这一段艰难的历史（图5-24）。

图5-24 五指印+勇士纹
（贺州市八步区李素芳工作室藏）

（2）窗子纹。人们认为该纹样是回形纹的一种，当地人也叫它窗子纹，指的是瑶族传统民居的窗户。窗子纹在盘瑶、过山瑶的服饰上较为常见，一个单独图案采用一种颜色刺绣完整，但是平行排列中每个图案的颜色是交叉重复的。这样的搭配让锦布颜色更加丰富，同时在图案的上下或左右两侧搭配彩带，一般习惯是红色的绣线是最靠近图案的。窗子纹大多出现在围裙正面、袖口装饰上等（图5-25）。

（3）人形纹。瑶语是从米安，有的地方叫孙或松。一般说是瑶族同胞或祖先，即现在的人或以前的人两个说法。有男人形纹和女人形纹，纹样在造型上，接近五头身，人物的面部无明显刻画，人物的神态主要依赖于身体和四肢等部位的衬托。单行排列组合，最下面与黑色横线连着的是脚，中间是人的躯干，两边是手臂，最上方是人的头，整体就像一群人手牵手并排走（图5-26）。

在色彩上，主要使用白色和红色，根据刺绣用布的需要更改搭配颜色，在黑色底布上刺绣的女人形纹用红色线，男人形纹用白色线，在白色底布上则用红和黑两色线。在装饰上，主要出现在头巾、帽饰、上衣的胸前和后背等部位。男女人形纹主要表达乳源过山瑶族先人的形象，关于人形纹刺绣刻画的对象来源有两种说法，一种观点认为是展现过山瑶族已婚男女形象，另一种认为人形纹是展现过山瑶族师爷和歌姆形象。在乳源

图5-25　窗子纹
（贺州市八步区李素芳工作室藏）

图5-26　广西金秀瑶族自治县人形纹
（来宾市金秀瑶族自治县赵凤香工作室藏）

图5-27　广西金秀瑶族自治县人仔花
（来宾市金秀瑶族自治县赵凤香工作室藏）

瑶绣中，人形纹头部造型与松果形纹顶端造型相似，或存在关联，预示瑶人如石上松那般常青、耐寒、艰苦和顽强不屈，展示过山瑶代代相传的民族精神。

在贺州，瑶族将人形纹叫作"人仔花"，即做法事的师公，也就是图像中巫师的形象，而"行呈花"则是"人仔花"的另一名称。酷似人形的"人仔花"有两种图像，都是采用白色丝线绣成。一般以上下对折双排组合的形式出现，波浪形弯折连在一起，表明人们的手牵在一起，互帮互助。一般是绣成一排，意思是手牵手一起去玩、好朋友合得来，新娘服饰也会用到，意思是婚姻和睦。两端的横线多指瑶族人民跨过的山水，或者是在行走时留下的路，包括宽的马路、陡峭的山路、湍急的水路（图5-27）。

在头上戴帽上也有人仔花，双手双脚同时伸展张开，大致呈向前奔跑的姿态。还有一种被认为是女性形象，头上有束发的双角，双手弯曲向上，双脚张开半蹲。以上两种图案以二方连续的牵手人形舞蹈的形式呈现，营造出气势与神秘的氛围。它们主要装饰在巫师礼服的前胸、头部与袖的上方，体现巫师的重要地位和职能。无论是何种说法，男女人形纹是瑶族保存历史、铭记记忆的活字典。

（4）卍字纹。宗教崇拜对广西贺州地区瑶族服饰纹样有很大的影响，以该地区过山瑶及其各种细小分支最具有代表性。"度戒"是瑶族男子的成人礼仪式，也是一种宗教仪式。瑶族度戒礼服受道教文化与佛教文化的影响非常大。他们在度戒过程中要戴道士帽，礼服的前襟下摆、后背、领子上都绣着"卍"字图像。在佛教文化中，"卍"字图

像经常出现在佛寺的建筑与佛陀物品之中，表达出佛教的"永生""轮回"理念。日常服饰也会用到卍字纹，这些纹样主要绣在女装的重要位置，如头部、胸前、背心等。另外卍字纹也有组合形式，多刺绣于绑腿、头帕处。

（5）铁齿耙纹。在造型上，表现为一排上下具有多个凸出的牙齿状，来源于对当地农耕生产用具铁齿耙造型的模仿；在色彩上，一般使用红黄白色线、红绿黑色线来搭配刺绣，常出现在服饰的胸前、后背、腰巾和挎包等位置；在刺绣技艺上，采用"十字绣"行针方式。关于铁齿耙纹的来源，还有如同"神仙下凡"一般的故事：以前瑶人开垦田地多用锄头和镰刀，每天起早贪黑除草平田，即使不到一亩的田地也常常需要耗费大量的时间，铁齿耙随着民族间经济往来进入瑶族的生活。这一工具使人们的劳作时间大大缩短，劳作效率翻倍，女子见着甚是神奇，为了纪念它的功劳，便刺绣到服饰上。此图形也是农耕文化发展的缩影。

（6）银花纹。该图案的瑶语是酿比昂，取自银首饰的银。横折较多，从人们以前佩戴在身上的项圈吊饰等演变而来，通过多种多样的短线组合，来表示银饰上复杂多样的图样，或是银饰本身的精美。银花在不同的布料上，呈现略有区别，土布较为细腻，所以图案整体上会集中一些（图5-28）。现在人们多用十字绣的布料，针眼较大，所以图案会更为清晰（图5-29）。在迁徙的过程中，跋山涉水，人们只能携带必要的生活物资，所以不得已放弃了所拥有的大型精美饰品，或是为了换取物资只能通过以物换物的形式将自己的银饰品换取药物、盐等。失去了大量的财物以后，感性的绣娘通过回忆饰品的样式，把它们放在了自己的服饰上面，纪念这一艰难的历史。

（7）星星纹。以4个小十字连接组成星星及其光芒，整体连续排列组合，可以单行排列，多行排列，颜色以红、白、浅绿为主。一般作装饰填充图案，绣娘根据自己的习惯或审美进行调整搭配。比如在新娘盖头上与太阳花搭配出现，在头帕、绑腿、腰带上起到图案过渡衔接的作用（图5-30、图5-31）。

关于星星纹的由来，传说是人们在黑夜赶路休息时，看到天空星星也在发亮，就像

图5-28 土布银花
（来宾市金秀瑶族自治县赵凤香工作室藏）

图5-29 十字绣布银花
（来宾市金秀瑶族自治县赵凤香工作室藏）

图5-30　十字绣布星星纹
（来宾市金秀瑶族自治县赵凤香工作室藏）

图5-31　土布星星纹
（来宾市金秀瑶族自治县赵凤香工作室藏）

白天的太阳一样给人力量继续前行。同时从造型搭配上来看，瑶族服饰的特点之一是均衡，所以星星纹等小图案很好地与太阳花、大树花这一类面积较大的花纹形成对应，整体来看服饰上图纹的装饰就很和谐。

（二）瑶汉融合范式

将汉文化的文字和诗句织入锦布作为装饰纹样，以腰带、头帕和八宝被为主，长条形的制作布匹与中国传统书写的版面形式相似，大面积的空白有利于文字的展现，文字的特殊表现形式与织锦工艺的方式使在织锦中加入汉字纹样有了很长的历史，技艺也日渐成熟。而且由于汉字的方块特性，也出现了将文字拆解放置的现象，并形成一种特色。本节以寿、福二字来进行详细分析。

1.寿字纹

因为人们对健康长寿的渴求，寿字经历数代手工艺者的美化加工，创造出了图案化的三百余种篆书变体寿字，并加上不同的寓意名称，比如写成圆形的为团寿，写成长形的叫长寿。还有取一百种寿字的不同篆书变体字，写在一个圆内，称"百圆团寿"，组成一个大的寿字称"寿上添寿"。到明清时期，寿字纹更是被广泛应用于生活的方方面面，建筑雕塑、家具摆件、生活用品、服装配饰等随处可见寿字纹的身影。[1]同样，随着瑶族与汉族的交往越发深入，寿字纹的美好寓意也受到瑶族人民的喜爱。寿字纹又称"过山瑶字形纹"或"长鼓舞纹"，在造型上，采取左右和上下对称形式，纹样整体不间断；在构图上，比较规范匀称；在色彩上，配以红色、红黄色、红绿色或黑色，出现在腰带、上衣后背、裙边和伞袋正面等位置。关于"长鼓舞纹"的说法，是因为该纹样在造型上与过山瑶人舞长鼓时的姿势相似，就像是对生活娱乐场景人物舞姿动作的模仿。关于过山瑶字形纹的来源，与瑶族姑娘梦见受皇帝赐予汉族《三字经》的传说故事有关，属于瑶汉文化相互交流融合的产物。另外，寿字在古代表达为天神所赐予的寿命，

---

❶ 宋春会．清末织绣品上寿纹装饰纹样研究[D]．北京：北京服装学院，2017.

瑶族"寿"字纹属于借鉴汉族"寿"字体形态特征衍生而来,呈现出上下长、左右短的特点,采用刺绣方式直绣"寿"字纹样表现在服饰上,是瑶族人民对生命繁衍的重视,表达对健康长寿、延绵不绝的生命崇拜(图5-32、图5-33)。

2.福字纹

与寿字纹先后一起传入瑶族地区的还有福字纹。福字纹是将福字图案化发展成为装饰纹样,字体笔画变化十分丰富,一般是在笔画基础上加以其他装饰元素。福字大多出现在瑶族各式各样的文创旅游产品当中,比如背包、装饰画、纪念腰带等,而服装较少采用。颜色以绿色、蓝色、红色为主。除此之外,英文、拼音等内容也在织锦中有所出现,含义多是积极向上的,表达瑶人对幸福生活、美满人生的向往(图5-34)。

根据以上所示的具有代表性的图案可以发现,在瑶锦的装饰上,对植物类纹样、动物类纹样、图形抽象类纹样和字符纹样的使用一直是紧跟时代发展的,并以符合自己审美的形式进行融合创作。其历史演变具有浓厚的时代特征,这既能体现瑶族文化的古老,也是其与汉文化交流融合的又一见证。

图5-32 腰带上的寿字纹
(贺州学院民族文化博物馆藏)

图5-33 师公帽上的寿字纹
(来宾市金秀瑶族自治县赵凤香工作室藏)

图5-34 腰带上的福字纹
(贺州学院民族文化博物馆藏)

第二节 服饰图纹的语言形态特征

服装是一种特殊的商品,伴随着人类文明出现而发展,是一种文化的表现,是在人与自然环境、社会环境相互作用中发生、发展变化的。服装最开始的作用是基于现实生活的需要,而后人们赋予它更多的社会性。人们在长期的社会实践中,穿着方式和穿着行为的社会规范逐渐形成，每个人的思想、观念、行为等都会受其所处的社会环境和文化的影响。❶服饰如同语言，具备在社会情景中定义个人社会形象的符号功能，英国社会学家喀来尔说过：所有聪明的人，总是先看人的服装，再通过服装看到人的内心；美国一位研究服装史的学者说：一个人在穿衣服和装扮自己时，就像在填一张调查表，写上了自己的性别、年龄、民族、宗教信仰、职业、社会地位、经济条件、婚姻状况，为人是否忠诚可靠，在家中的地位以及心理状况等。瑶族服饰纹样所展现的是一种华丽的形式美，它将内容与形式相互联系交织在一起形成一个统一的整体，以其特有的艺术魅力撞击人们的心灵，从而激发人们的情感，在为我们构建一座现实美与艺术美之间桥梁的同时，也让我们领略了瑶族服饰背后所蕴藏的文化内涵。也许正是这样，才使瑶族服饰纹样更具审美性和艺术魅力。瑶族服饰纹样上的搭配有其特定的规律，形成了整体一致、多样统一的基本特征，主要包括对纹样的组合搭配、构图布局、色彩配置等处理，从而使纹样在服饰表现上形成一定的主次关系，表达出不同的主题思想。它包含了比图案本身更加深刻的韵味，更为复杂多变，它将瑶族的历史文化表现为丰富的信息符号传承下去。例如在白裤瑶服饰中，各种图形也是一部白裤瑶民族史，服饰上的图形以抽象的几何图形为主，与现代几何图形在很多方面不谋而合。但是其图形隐藏了上古时期的文化内涵，和仰韶文化遗址、马家窑文化遗址发现的几何图形纹样相似，这些图形由动物具体形象或植物具体形象而逐渐变得简洁抽象化，由写实到符号化，也是一种从内容到形式的积淀。从白裤瑶服饰图形特殊的几何结构和独特构图规范来看，图形表现形式多样的同时又保持着整齐秩序的美感，这些几何图形蕴含着白裤瑶优秀民族文化，是白裤瑶先民智慧的结晶。

一、民族语言

无论分布在哪个地区的瑶族人民都认定盘瓠是他们的祖先，在广西龙胜各族自治县和平乡瑶族《评皇券牒》中记盘瓠传说完整地表述了这一传说的由来。文如下：评皇券牒，其来远矣。瑶人根骨，即系龙犬出身。自混沌年间，自评皇出世，得龙犬一只，身长三尺，毛色斑黄，意（志）超群臣。评皇[登]龙头大署[殿]，意欲谋[杀外国高皇]。群臣计议，俱无承应。龙犬姓盘名护，如左右踊跃起身，拜舞朝王，惊殿内外，无言（忽然）话语应答，群（声）音报主之恩，自有兴邦之志，不必群臣而计（议），何须万马以行藏

---

❶ 王海燕，王欣，王禧. 服装消费心理学[M]. 北京：中国纺织出版社，2016.

（粮）。欲求浩天之计谋，且凭细微（微臣）之（行）动……且吩咐群臣，将[盘护]一身遮掩其体，绣花带一条，以缚其腰；绣花帕一副，以裹其额；绣花裤一条，以藏其股；绣花布一块，以裹其胫。……令宫女梳妆，插金戴银，乃吉（择）良辰，招赘附（驸）马即日[于]宫中，乃龙犬名盘护是也。……备鼓乐送入会稽山内，……自后不却（觉）数年，所生六男六女，评皇闻知喜笑[颜欢]，只（旨）封盘护为始祖盘王，六男六女为王瑶，皆称王[瑶]子孙也。❶以上文字简单说明了瑶族服饰样式的来源，以及瑶族人民对盘瓠祖先的崇拜，盘王印作为盘瓠祖先崇拜文化的最佳代表，通常会以大幅图案的形式装饰在瑶族服饰上。但是由于各地瑶族服饰文化符号的差异，盘王印的尺寸、位置略有不同，但在视觉上都以方形或菱形为外轮廓，以八角花、卍字形纹、小鸟纹等多种纹样形成，有学者认为它比喻太阳与光明，是对自然物"日"和"月"的崇拜和信奉。"盘王印"图案在被创造前只是一种符号化的观念认可，是感知符号被接收和接受过程的转化；而在后来族群发展集体意识认可中形成的"盘王印"这一现实符号，则是集体意识的物质符号转化，它是非物质性观念符号转化为物质性视觉符号。瑶族民俗文化的"盘王印"视觉符号，正是民族意识的强化、符号化的表达与呈现、精神寄托和物质承载。

瑶族纹样题材丰富多彩，有日常的人物形象、动植物图像、生产生活的用具，还有以主观意识认知创作的图形设计等。这些图案从名称上来看很口语化，就像是日用品简单的抽象化，随即放在服饰物品作装饰。其实不然。这些图案都是经历一代又一代人的不断选择和提炼流传下来的。这些被选择下来的图案传递着无比丰富的文化内涵。比如，前面提到的盘王印，还有瑶族十分出名的新娘嫁妆"八宝被"面，它的图形内容包括双狮抢球、金龙出洞、富贵有鱼等，图案搭配结构严谨，色彩绚丽，组合舒展，配色和谐，图案清晰鲜明，反映了瑶族人民追求真挚、幸福爱情的美好，也表达了瑶族独特的文化观和审美情趣。八角花是瑶族人常用的图形之一，八角花寓意太阳与光明，也表现了瑶族人民对日月光明的渴望、追求美好生活的向往，诸如此类的图案还有许多。

二、抽象语言

抽象语言是建立在人们对具体事物的深刻理解之上而阐发出来的。瑶族人民世代生活在大山之中，对周边环境了解甚多，人们把看到的、使用中的、对自身发展有益的事物通过抽象化处理装饰在自己的服装上。

---

❶ 李本高. 瑶族《评皇券牒》中的盘瓠考[J]. 广西民族研究，1991（4）：43-46.

（1）以"形语言"为主要表现形式的图形语言。点，是造型设计中最小的元素，是占据着一定的空间位置，有一定大小形状的视觉单位，同样也是构成服装形态的基本要素。在服装造型中集中的小面积装饰都可看成点。几何学中的点是指细小的痕迹或物体。点采取不同的装饰手法会产生不同的效果，比如点在空间的中心位置时，会有扩张、集中、紧张的效果，一定数目、大小不同的点按一定规律排列，可产生节奏感和韵律感，较多数目、大小不等的点作渐变的排列，会形成立体感和视觉错感等。在白裤瑶的服饰图形系统中，点参与了图形组合，构成独立的图形，以"方点"的形态来表现，方正美是白裤瑶服饰图形最显著的特点，这种形态传递了一种严谨、稳固的静态美。从点的排列位置来看，十分讲究主次关系，通过点的大小层次比较丰富画面的韵律感；从点的表现方式来看，主要分为两种，一种是通过刺绣来表现，另一种是通过粘膏画图形的留白来表现，这两者所形成的强烈的色彩对比关系以及肌理对比，进一步传达了节奏感；从点的排列规律特点来看，十分重视对称、等距、留白和方向的把握。过山瑶的刺绣远近闻名，过山瑶女子对盘王印、太阳纹等大型图案刺绣起来得心应手，同样对点的运用也是炉火纯青，玉米花纹、星星花纹、小鸡嘴花纹等就是过山瑶女子对点的运用体现。点在过山瑶中多出现在绣片的边缘处，作为过渡、区分、衬托，可以单独出现，也可以多行平行排列出现。粘膏画中点的表达服饰以白裤瑶为主要代表，在白裤瑶服饰图形中，点扮演了极其重要的角色，是白裤瑶女子对白裤瑶图形进行创作的重要手法，它传达出的冷与暖、节奏和韵律给白裤瑶服饰带来了生动而丰富的视觉体验。可以独立使用，譬如鸡嘴花、玉米花纹、小鸟纹、竹子纹等，也可以通过轴对称、顶点对称、均衡、连续排列等方式来组合或者重构，譬如回形纹、米字纹、人形纹、五指纹。从总体结构上看，白裤瑶服饰的几何图形结构简单却十分地考究，高度重视图形的对称，对于构图中点、线、面的韵律、层次、虚实、尺寸的把握都十分地巧妙，易于引发联想，构思巧妙，耐人寻味。从图形构件的结构特征与组合方式上看，多变的线条排列方式与线条的组合穿插，图形呈现出特殊的形式动感美。

从艺术设计的角度来看，线具有肌理、虚实、色彩等多样的表现方法。线有着最富感情色彩的抽象形态，不同的线形里面隐喻不同的寓意，运动的线随着运动方向的改变，表现出不同的性格和情感特征，譬如水平横直的直线，给人传达出一种平稳，冷淡的情感特征，而竖向笔直的线条，给人一种积极向上、挺拔、庄严的感觉，同样弧线表现的情感色彩随着弧度的大小而变化，情感随着弧度大到小的改变表现出冷漠感向温暖的转变。总之，线的粗细程度、线形的长短变化、线条的走向、线排列的疏密度、线的色彩浓烈度等都传达了线条的性格特征和情感。瑶族各个分支的服饰图形中，线条是最丰富、最明显的图形语言，从图形的线条的走向来看，主要分为圆弧式（百褶裙图形）、平行式（腰带、头帕）、垂直式（瑶王印）、原点放射式（米字纹组合、太阳纹组合、八角花纹组合）、十字放射式（鱼翅鸡纹、星星纹）、六点放射半重叠式（小鸡仔纹）；从表现方式来看，分为粘膏画图形线条、刺绣线条以及混合线条。线条在白裤瑶服饰图形中，既是封闭图形的边界，又是图形内部的组成结构，通过线条的疏密排列、粗细变化以及间距的变化产生进深感和空间感，放射型的线条的重复排列能够形成空间错位的视觉效果。

（2）图形是视觉设计中的一种符号现象，也是文化产品传达文化、信息的工具。在符号学视域下，研究瑶族文化符号的编码和解码过程，解读瑶族文化图形符号。民俗文化艺术符号来体现商品的独到之处，在符号学视域下再生设计，独特的民俗符号来诠释商品信息，传达民族文化，对增强民族凝聚力起着重要的作用。瑶族图形文化的艺术符号拥有明显的抽象性以及较强的艺术表现能力，可以使用形式美感充分展现出商品的一些要素，使用民族符号直接嫁接旅游文创产品，瑶族文化图形符号的运用具有地域性和时代性，展示了民族图形识别能力。深入研究符号学理论，探索民族符号学方法以热点图进行特征提取，进行图形数据分析，以符号学中的"意义"和"意指"基本理论指导图形设计，提炼出瑶族图形。

瑶族图形最明显的艺术是以线条为主的图形符号，以形达意，借形寓意，把信息内容视觉化图形符号表达。瑶族色彩体系中的红、黑两色体系，蕴含了瑶族浓厚的民族信息，比如红色代表瑶民的热情，它在瑶族服饰的图案装饰中具有特别的艺术美感。在服饰上，有的用红色丝线刺绣，作为图案的主体色彩；有的用红色线条勾画图案的外形，作为图案造型的根基；有的用红线制成流苏或毛球，装饰在服饰上。红色既象征瑶族人民生生不息的生命力，又寄托着瑶族人民对美好生活的向往。黑色则是土地的色彩，两种饱和度高的色彩体系了瑶民"天人合一"的饱满情感。瑶族的传统纹样形式多变、概括抽象，其纹样形式和构成理念经常被现代设计师所借鉴。瑶族地域性艺术文化是带有原创性的艺术文化元素，它构成了瑶族地域性艺术文化特征的基础。

瑶族人民对自然虔诚膜拜并认为万物有灵，在瑶族社会发展过程中形成了图腾崇拜，瑶族万物有灵的宗教观认为：世界上的万物都是有生命、有灵性的，大自然的一切是可以主宰世界的。神灵崇拜中也蕴含着瑶族人民对美好生活的向往和愿望。当时生产力的落后，对自然界事物和现象的认识不能从本质的和科学的角度进行思考，而是用原始的思维方式去理解客观的世界。因而他们认为自然界的现象具有神秘感并且坚信万物皆有灵。例如，他们对洪水、暴雪和暴风雨等地质灾害的产生都感到无法理解，更没有能力去改造自然力并与之相抗衡，于是瑶族先民选择了顺从，主观地为这种自然力赋予了灵性，并对其加以崇拜。他们甚至为其赋予了形体，进而有了水神等神话人物的出现。这种自然崇拜，将对自然界中物体本身的崇拜直接在瑶族服饰上通过纹样表现出来。例如，湖南隆回花瑶服饰上怒目圆睁的牛眼纹，象征着能够洞察世间万物，避凶趋吉，祈福平安。蛇纹或是树纹被视为生育之神的象征，通过对蛇纹的崇拜，来表达瑶族先民希望自己的族群能够薪火相传、生生不息的思想情感。

三、意向语言

瑶族图形语言底层是抽象元素。瑶族的图形设计，内容丰富，寓意深刻，有着鲜明的地域和文化特色，蕴藏着丰富的文化创意符号和创意元素。瑶族图形抽象元素的主题元素中有点、线、面、色彩和肌理。图形符号植物纹饰、表象纹饰应用各种形式美组合手法，产生新的视觉形象。以照片、图画、影像等为对象的图像感知就像一种意识体验，所以说图像意识是一种意向性的行为。在胡塞尔看来，意识的本质就在于它的意向性。从字面上，意向的意思就是自身、指向，具有"意指的"和"被意指的"双重含义。❶色彩本身本不具备情感，当它被有情感、有认识的人联系起来的时候被赋予了丰富的寓意，长此以往便形成了人们表达愿望、诉求等心理活动的一种载体。

瑶族是一个迁徙的民族，黑色在瑶族原始文化的潜意识中便象征着自然界的黑土地，表现先民失去故乡土地的悲痛心情，运用到服装上就使服装有了坚忍、稳重的品格；红色在服饰中象征着生命的激情和流淌的血液，有缅怀祖先在战场上的保卫家园、英勇奋战之意，包含对生命的珍视和民族繁衍生生不息之意，红色也是太阳、火焰的象征，寓意驱邪消灾；蓝、白色在我国传统文化观念中的现实意象是广阔的白云、蓝天，但是在主观心理情感上则代表着沉痛和悲伤，被运用在服饰上就是瑶族先民悲壮的民族心理情感和对自然的敬畏的表达；黄色是积极向上、明亮辉煌的色彩，代表着阳光，是希望的寄托，有表达光明的意义。如太阳花中黄色和红色的运用，黄色丝线代表太阳的光芒，红色代表太阳本体，瑶族一般以红色为吉祥色，瑶族民间习俗认为，红色可以表现生活的热情，象征着盘瓠对族群的庇佑，是盘瓠的庇佑让现在的瑶族能够找到栖息地并过上美好生活，太阳花纹的光线是在四方诞生的，人们认为太阳光芒照四方，是最能保佑自己和家人的。

秦汉时期，人们对瑶族先民就形成了"好五色衣裳，衣斑布，色斑斓，对襟齐领，

---

❶ 埃德蒙德·胡塞尔. 逻辑研究（第二卷第一部分）[M]. 倪梁康，译. 上海：上海译文出版社，1998.

椎髻跣足"的印象，各种色彩在瑶族迁徙发展的过程中也被主观地赋予了许多特殊的民族含义。瑶族先民与中原汉人在早期有着较为密切的经济文化交流，《过山榜》中就已经有汉人阴阳五行观念渗入瑶文化的缩影，李本高先生认为："五行观念"现象，很可能是人类早期文化中对五这一数字的崇拜，这也促进了五色审美的形成。瑶族的"好五色衣裳"这一色彩喜好与中国传统的阴阳五行相生相克的色彩观在本质上相似。瑶族传统服饰因地区和支系的不同，在服饰形制上有所差异，但对服装色彩的选择却基本一致，以红、黄、蓝、黑、白五色为主，其中黑、蓝、白多作为服装底色，其余颜色多为装饰色。这套配色系统把抽象的民族情感转化为具象的文化理念，成为一种具有象征意义的民族符号。

瑶族女子受"好五色衣裳"观念以及女性天生爱美观念的影响，她们把心思更多地放在了服装色彩整体搭配上，将对比色与邻近色运用得炉火纯青，女子对于服饰讲究色彩搭配的质感与美感，所以她们多选用大红、大黄、橙黄等暖色调作为服装搭配的颜色。但是不同年龄段的女子对于色彩的搭配挑选又有所不同，瑶族青年女子性格热辣奔放，朝气蓬勃，对生活充满激情，所选的颜色大都能代表青年人对于未来生活的美好向往和对爱情的憧憬，所以多以深红、橙黄等暖色来调配青、黄、白、蓝等冷色调的挑花和刺绣；而中年妇女多用白、深蓝、淡黄等颜色搭配大红、橙黄的挑花和刺绣，这样更能够体现出女主人的贤惠大方、素雅端庄；深蓝、黑、紫等朴素的颜色则是多数老年妇女的选择，通过搭配少量的大红、橙黄的挑花、刺绣在古朴的色调中更显老人的稳健，所以老年人更习惯使用以前的土布和自染自做的绣线来制作自己的衣服，冷暖相间的颜色搭配显得老年人端庄典雅、雍容华贵，少量的高饱和、高明度的颜色不仅可以增加人们身上服饰的色彩层次，也可以让中老年人的服饰更显年轻态。

瑶族男子服装的色彩选择也受到了五色观的影响，多用黑色和深蓝色作为服装的底色，而选择这两种颜色更多的是因为社会分工的不同，女子织衣刺绣，男子种田打猎。深黑色服饰对于他们的经济生活较为有利，瑶族男子在野外狩猎的过程中，需要隐藏、保护自己，他们要利用与周围环境相似的颜色来伏击动物以提高打猎的成功率。在山上获取便利的蓝草叶染制的深黑色系服装成为不二选择，因为这种颜色具有较高的实用性，从而瑶族人民产生了对深黑色有着实用偏爱的感情，加之瑶族生存的自然环境多是山区，蓝天、河水、深山、树林等自然生态的恩赐也让群落的人们对于象征自然的黑色、蓝色充满感恩和敬畏之情，这些颜色的广泛运用也体现了瑶族人民的善良淳朴以及对生活实用性的追求。

第六章

南岭走廊瑶族服饰的
传承与流变

第一节 服饰的传承与流变

　　文化传承是指文化与主体结合的过程中受内在机制的支配而具有的稳定性、完整性和延续性等要求，并在整个社会发展中呈现再生的特性。[1]文化传播具有稳定和模式化的特点和要求，但同时文化传承应该是包含有选择性机制的"扬弃"式传承机制。即在文化的发展中，不仅应该具有稳定、模块化的特性，也应该通过文化主体的价值判断对环境的变化来做出合乎时代的选择，使文化具有阶段性、变异性的特质和时代特征。对任何一门传统艺术而言，"传承现状"直接影响着它的生存与发展，是"继承再生"与"衰退灭亡"间的决定性问题。当前经济全球化与社会现代化的发展脚步加快，现代瑶族青年人的价值观念正在不断地发生改变。现代化的影响与意识观念的转变，使有的人忽视了对本民族传统文化的学习与继承，更多的年轻人喜欢穿着现代流行服饰，对自己的传统服饰兴趣减少。瑶族也面临了这一问题，市场需求的减少必然会影响市场供给量，瑶族各个支系中仍掌握本民族服饰制作技艺的人愈发减少了。但也正是这样的情况下，一部分瑶族人坚持做自己的特色，主动担起了瑶族服饰文化传承与发展的责任，为我们延长了保护这一文化的时间。千百年来，绣娘们将想象与生活结合创造出精美的绣品，用五彩丝线精心搭配呈现瑶绣的民族美，在瑶族传统服饰上点缀着五彩斑斓的刺绣和织锦，因此有"五色衣，瑶家服"之说。

一、口耳相授——家族传承

　　古往今来，瑶绣的技艺大多都是通过家族传承的方式一代一代传承下来的。主要形式是依靠家中的成年女子将手艺传授给子女，女子从小便开始学习刺绣，到了一定的年纪再将自己所掌握的刺绣方法、图案以及在生活中累积的刺绣经验传授给下一代人，这

---

[1] 赵世林. 云南少数民族文化传承论纲[M]. 昆明：云南民族出版社，2002.

种代代相传的传承方式让瑶族刺绣延续至今。根据黄凤英家中的平桂瑶族刺绣传承人谱系介绍，黄凤英一家自晚清末年的第一代赵妹月开始传承，到母亲邓客妹是第三代，而邓客妹在2019年被评为平桂瑶族刺绣市级代表性传承人，黄凤英与姐妹们则是第四代，目前已传到了第五代。黄凤英老师介绍道：其实我认为现在的传承方式早已不限于传内，也可以拜师收徒，只要有人想认真学习，都可以来学习瑶族刺绣。他们在自家一楼也早已腾出足够空间，设置了平桂瑶族刺绣传承传习基地，在此进行技艺传授、绣娘们的创作交流、刺绣作品展示等活动。有了这样的专门场所，来到黄凤英家学习交流的人更多了，也实现了黄凤英最初设立传习基地的初衷，让更多人看到平桂瑶族刺绣的风采，让更多人来学习刺绣。

出生于瑶族刺绣世家，母亲邓客妹的手艺经验十分丰富，各类绣品的品质精致，在当地小有名气，所以来找她制作瑶绣的人特别多，邓客妹就是通过自己的手艺赚钱来供养几个孩子读书。黄凤英从小就跟随母亲学习如何刺绣，尽管母亲没有主动要求黄凤英必须去学习，但那时候在深山里谋生不易，母亲除了干农活，还要在农闲时帮别人制作瑶服刺绣来赚钱维持家用，经常会忙不过来，她便学着帮母亲打下手，于是也就慢慢学会了。因为年轻人手脚麻利学习效率高，一有空就学习绣法，而且不花太多时间就很容易绣好，也就慢慢有人来找黄凤英帮忙做刺绣。黄凤英谈道："小时候的我根本闲不下来，干完农活回来没事做了，看着针线摆在家里我就坐下来动手学刺绣了，像我妈没读过什么书的，没有进过学校，但是手脚很利索，头脑也灵活，她也是蛮厉害的，她做的衣服比别人家都好，剪布的时候不用尺子她就剪得很直的，她的手艺我还学不到，可以这么说。"早年的黄凤英要一边读书一边劳动，小时候生活在一个大家庭，家中有十个人吃饭，日常开销是个不小的数字，日子过得很艰难，她笑谈："因为住在山里，耕地较少，很多时候耕田还要翻山越岭，闲下来还要做刺绣，我们家女孩干活都是很厉害的，像男子汉那样做很辛苦的活，这也是没办法，家里有那么多人要吃饭，所以女孩子都很勤快地做活。我是家里的老大，每天除了早起晚归帮家里干活，还要挤出时间自学，一点点啃下课本里的知识，因为我觉得学习也是很重要的。"黄凤英也很会利用零散的时间，在与同村大一岁的姐妹郭汗妹去放牛时也会随时带着针线，在放牛吃草的空档，学会了许多瑶族刺绣花样。经过一段时间的练习以后，黄凤英也能独自绣好一套完整的服饰了。

"五岁六岁玩泥巴，十三四岁学绣花。十七十八方出嫁，十九二十抱娃娃。"这是部分瑶族地区流传的一首歌谣。像黄凤英老师一样从小跟着家中长辈一起学习刺绣的绣娘仍是现在瑶绣制作的主力军。

潘继凤（女，58岁，红瑶服饰）老师说："在我们的寨子里，做红衣都是跟着奶奶、妈妈学的，我就是从小看着奶奶给家人做衣服，到12岁时我就正式开始学织布和刺绣。刚开始我也是学不好，总是漏针，这样做出来的图案不好看，但是奶奶每次都会很耐心地教我正确的应该怎么做，就这样在奶奶的悉心帮助下，我也能够熟练掌握刺绣、挑花以及织锦这些技术了。"

邓菊花（女，71岁）老师说："我从小就会绣，我妈妈和我姐姐都会教我，我奶奶也会绣，我那个年代女的都会绣，我们这有句俗话说'不会绣花找不到婆家'，因为以前丈夫和孩子的衣服都需要女人来绣，不会刺绣就嫁不出去，而且还会让人看不起。"

总的来说，家族传承的方式仍是现在瑶族文化传承的主要方式之一，随着党和政府对少数民族文化保护力度加大，民间一些老艺人也主动担起了文化传承的重任，自愿出力为文化传承做贡献，大多数正是从动员身边的亲人开始，召集小辈们学习基础的技艺，扩大影响力以后开始收徒传艺。

二、授业从业——师徒传承

（一）过山瑶家李素芳

师徒传承这种方式在传统的瑶族刺绣传承中并不常见。而在进入现代后，随着政府对瑶族刺绣文化传承的重视程度提升，建立相应的机构师徒传承随之兴盛。在贺州市黄石村，有一位用指尖传承瑶族文化的绣娘——李素芳。她带领绣娘们制作的刺绣作品《瑶族盘王印章》《年年有鱼》被联合国教科文组织认定为民族特色工艺品，并且把这两种图案嵌入笔记本封面作为联合国赠礼（图6-1）。每当有客人来拜访时，李素芳老师总是会很自豪地向大家介绍这一作品的故事（图6-2～图6-4）。

图6-1 在笔记本上的盘王印

"我希望在做好民族文化传承的同时，带动我们家乡更多人，特别是留守妇女一起就业，让大家的生活过得更好一些，不需要外出就可以赚钱，这样还能在家照顾老人和小孩。"作为瑶族服饰文化的传承人，李素芳和丈夫刘德敢创建了一家瑶家文化创意公司，她和公司里其他绣娘们带着所生产的瑶族服饰创

图6-2 李素芳介绍工作室创新服装产品　　　　图6-3 李素芳讲解云肩的制作

图6-4 作者实地调研李素芳工作室

新作品，多次参加各种手工艺大赛，获得多项自治区及国家级工艺民间技艺大奖，她们的创新产品远销美国、法国、泰国等世界各地。在黄石村和周边村寨，懂瑶绣并且还在继续做的大多都是上了年纪的中老人，年轻的绣娘特别少，而且年轻绣娘大多也不愿意花更多时间在刺绣上面，一是做刺绣比较复杂有很多讲究，年轻人不熟知这些习惯，二是做刺绣需要耗费巨大的时间和精力，年轻人更愿意去做简单一些且报酬更高的工作。除了内在原因，还有一些客观原因，比如大部分绣娘除了需要刺绣可能还有其他事情占据了她们的时间，种植农作物、喂养牲畜等。种种原因直接影响了瑶绣绣片的制作效率和质量，可能到了约定时间去回收绣片时，有部分绣娘没能完成好相应的绣片数量或没有达到优质水平。因为一套完整的瑶族服饰要用到很多刺绣，特别是男女款的盛装服饰，而刺绣的用料和图案都是有不同要求的。比如，刺绣使用的是家织平纹布，采用十字挑花的技术来完成一幅绣片，用到的刺绣图案都是没有底稿的，不是照着图案来完成刺绣就好了，这些不同类型的图案都在人们的脑海里面，在一针一针的刺绣过程中逐渐展现出来的，所以除了一些比较古老的图案变化较小以外，很多时候李素芳大力收回来的图案几乎没有一模一样的，但是李素芳从不挑剔，只要家里有她就会全部带回公司。所以李素芳动员村里的老年人，回收她们手中做好的所有绣片，无论质量好坏，让村里的老人重拾传统的挑花刺绣技艺，这样可以最大限度地保证能够利用的绣片数量是足够的，并且定期在自己的基地举办培训班，免费教授年轻一辈学习与传承瑶族刺绣文化，让更多的人能够掌握瑶族刺绣、挑花、织锦的技艺。

李素芳的公司有线上电商和线下门店两种销售模式，近年来随着短视频行业的兴起，李素芳也会将绣娘们平时工作的状态发布到网上。此外，李素芳平时还带着绣娘们学习瑶族歌曲，动听的歌声和精湛的刺绣技术让她的视频和直播吸引了数千粉丝。"不仅要带领村民传承瑶族文化技艺，更要让他们从中收获一定的果实。这样村民们做起来才有成就感、幸福感，同样对于我的公司来说，才有充足的货源输入进来。"所以李素芳主动把企业资金引入自己家乡的瑶山村落，大力培养农村绣娘，为乡村经济发展助力。她鼓励当地农村妇女重新拿起针线进入自己的公司工作，帮助周边500多人就业，其中多数是上了年纪的留守老年人，例如黄石村村民赵文英已年过六十，外出务工的可行性低，但是在家绣花就能解决生活来源。她欣慰地说："多亏了李素芳的公司愿意要我们上了年纪的人，没想到在家做做针线活都能赚钱。做的还是我擅长的，我也很喜欢刺绣这些衣服和帕子。"以"公司＋基地＋农户"的生产模式，形成了一条完整的人工"生产线"，不但带动了当地瑶绣经济，还促进了瑶族服饰制作技艺的传承与发展。李素芳公司的案例已然成为促进当地经济发展的成功典范。她在黄石村创建了贺州瑶族刺绣技艺传承基地，免费给村里的适龄儿童教一些基础的瑶绣技艺，也会细细讲解每个服饰图案背后所包含的瑶族民间故事和传说，她们默默地付出，让许多的孩子喜欢上了瑶绣和织锦，同时也有助于她们对瑶族文化的理解，增强了民族文化自豪感（图6-5）。从最开始的小规模瑶族服饰工作坊，到初具规模的瑶族服饰文化创意公司，再到把瑶绣的风采传播到国外，李素芳一步步地走出了一条独特的保护及传承瑶族服饰文化之路。

图6-5 正在练习刺绣的学徒

（二）大瑶山"瑶绣娘"赵凤香

赵凤香老师说："在我小时候，母亲跟我说'家里的一针一线都是我们瑶山女人的心，绣好了一件衣物，穿在身上就能把心贴在一起'。"通过访谈我们了解到，赵凤香老师从7岁开始就跟着奶奶和妈妈学习瑶绣和织锦，年纪轻轻就成了十里八村有名的绣娘，大家都愿意来找她购买瑶族服饰。赵凤香老师自豪地说，她做的瑶锦的工期不长，且十分平整，图案很清晰，同时也会根据客户的需求绘制不同的图案，比如是小年轻送给对象的，就会多绣制一些韭菜花的纹样，韭菜花在当地有长长久久的美好寓意。如果是需要在度戒礼仪或者是其他重要的场合穿着，就会绣小鸟纹、寿字纹、八角花、太阳花等比较传统的图案，同时也最大限度还原这些图案以及服装样式最古老的模样，以表示对这些节日或场合的尊重。同时，对于游客，也会提取各种饱含美好祝福的图案，绣制在背包、上衣、装裱画等，而且很少有重复的图案，她会根据制作的心情或状态来创新各种各样的图案（图6-6）。

正是有着这样不断创新的精神，在2006年，赵凤香随着丈夫赵进灵一起来到金秀县城里生活，靠着自己精湛的织绣手艺开了一家瑶族服饰文化体验店，里面不仅展示了金秀地区5个瑶族支系的服饰，各种各样的瑶族文化创意品，还是赵凤香老师日常举办培训班的主要场所。"我是瑶家人，我会的东西都是大瑶山教给我的，我的就是大家的。"赵凤香时常会说这样的话，同时她也是这么做的。她积极响应国家乡村振兴发展政策，把绣片样品和织绣工具材料分发给当地会织绣的村民们，然后收集做好的零件加工制成服装、背包、香包等出售，并且把销售取得的收益扣除成本以后全都返还给村民们，当地有许多老年人靠着给赵凤香老师制作各种零件来维持家用。

图6-6 作者实地调研赵凤香工作室

多年以来，赵凤香老师坚持去金秀县内10个乡镇和学校开展织绣培训班，免费授予学生或村民们织绣技艺，至今她教过的学生有2000余人，在她的带动下从事瑶族织绣产业为主的村民致富也超过300人。现在只要有人走进赵凤香老师的店铺想要请教有关瑶族织绣文化或是其他文化，赵老师都会立马放下手里的活，热心地为来访者——答疑解惑。讲到兴起时还会拉着客人去实际体验一番瑶族织绣的奥妙，或者是拿出自己满意的作品给客人试穿。当谈到是否有固定得到徒弟时，赵老师说："只要愿意跟着我学就是我的徒弟，现在我也在教我的孙女来做一些简单的刺绣和织锦，因为儿媳妇要上班，我也没有女儿，只能把希望寄托在我的小孙女上了，希望她能学好我们瑶族的织绣，把这些技艺传承下去。"

三、相沿成习——婚姻圈带传承和插花带传承

婚姻圈是指在一定地理范围之内男女成为对象后所形成的社会关系。在这个关系网里面，每个人互相影响，文化互相交流。插花带传承就是在婚姻圈文化影响下我国少数民族文化传承的主要方式之一，其特点主要是一个族群与其他族群之间互相通婚，不同文化之间互相影响，会出现文化融合、文化同化、文化对抗等几种模式。瑶族与其他民族之间主要是以文化融合为主，瑶族在我国分布范围较广，在与周边民族的交往中形成了自己的特点。男女结为夫妻不仅仅涉及两个家庭之间关系的建立，甚至可以加强两个族群之间的联系。在广西贺州市步头镇黄石村有这样一个特殊的大家庭，家庭成员包括瑶、汉、壮族3个民族。其中汉族和壮族正是通过婚姻的结合才加入这个大家庭，并且他们很好地适应了瑶族文化与自己民族文化的融合，甚至把重心更多地放在瑶族文化上来。

李素芳老师说："我们家三代人居住在一起，一共9口人，我丈夫是壮族人，我弟媳是汉族人。现在我们大家一起经营着一家以体验瑶族文化为主的农家乐，并且在市里开了一家瑶族服装特色店铺。我们家特别团结，大家都各司其职，我丈夫主要是负责对外交流，我弟媳负责接待游客，我父亲和弟弟负责装修，我妈妈负责教授刺绣技巧，以及种一些蔬菜等做一些家里的活。我就去外地进行交流学习提升自己的技巧，主要是学习一些新的设计理念和方法，也会去一些瑶族村子收集不同支系瑶族服饰的绣片或者是老物件，来充实我们的民族博物馆。"

据李素芳老师的弟媳何婷婷老师介绍，她在2000年与李素芳老师的弟弟赵志林结婚以后，先是去外地务工赚钱，后来看到姐姐和姐夫在家乡为了瑶族服饰的发展各种奔波很是辛苦，本着帮一帮家里人的心思就回到了家乡与姐姐一起经营服装店，并帮忙去瑶寨里收集一些古老的服饰或者其他物品。从2002年开始，何婷婷跟着婆婆李小芳认真学习瑶族服装

的制作，因为自身有一点裁缝技巧的底子，所以学习起来也十分上手，在系统学习了两个月以后就可以独立完成一幅不错的瑶族刺绣作品了。此外，何婷婷老师在家中主要负责接待外来访客，并且介绍自建博物馆里每一套展出服装的故事以及蕴含的民族文化，就这样一次又一次地讲解和练习，何婷婷凭着娴熟的刺绣技巧和对瑶族文化独到的理解也成为广西贺州市的瑶族刺绣文化传承人，是少有学习得比较系统的汉族传承人（图6-7、图6-8）。"我很喜欢给到来的客人一件一件地讲解我们博物馆里的各种衣服和我们回收来的物品，每到一个瑶寨，我们都会一家一家地去问有没有古老的衣服或者是配件，然后用一套新的衣服跟人家交换，博物馆里一套完整的服饰几乎都是跑了好几户人家才凑齐的，这些收回来的衣服上面都是古老的图案，有时候我不知道绣什么东西了，就来看看这些找灵感。我也是这么告诉我的徒弟和我女儿的，我们做创新都是要从古老的开始。"

图6-7 何婷婷与家人一起接待来访者

图6-8 何婷婷给参观者讲解瑶族服饰

第二节 传承人及传承谱系

一、广西贺州市龙胜各族自治县红瑶服饰传承人及其谱系（表6-1）

表6-1 广西贺州市龙胜各族自治县红瑶服饰传承人及其谱系

序号	代别	姓名	性别	民族	出生年份	学艺时间	传承方式	住址
1	第一代	潘氏	女	瑶	不详	不详	母传	江柳村
	第二代	粟大妹	女	瑶	1911年	不详	母传	江柳村

序号	代别	姓名	性别	民族	出生年份	学艺时间	传承方式	住址
1	第三代	潘凤宣	女	瑶	1934年	不详	母传	金江村
	第四代	潘继凤	女	瑶	1965年	1979年	母传	金江村
2	第一代	侯氏	女	瑶	不详	不详	母传	潘内村
	第二代	侯大妹	女	瑶	1916年	不详	母传	潘内村
		侯二妹	女	瑶	1924年	不详	母传	潘内村
	第三代	粟求妹	女	瑶	1945年	1960年	母传	潘内村

二、广西贺州市步头镇黄石村过山瑶服饰传承人及其谱系（表6-2）

表6-2　广西贺州市步头镇黄石村过山瑶服饰传承人及其谱系

代别	姓名	性别	民族	出生年份	学艺时间	传承方式	住址
第一代	赵亚妹	女	瑶	1892年	1902年	家传	保塘村
第二代	王妹赵	女	瑶	1918年	1927年	母传	保塘村
第三代	赵妹称	女	瑶	1938年	1950年	母传	保塘村
第四代	李小莲	女	瑶	1956年	1968年	母传	黄石村
第五代	李素芳	女	瑶	1979年	2004年	母传	黄石村
	何婷婷	女	汉	1982年	2004年	母传（婆媳）	黄石村
第六代	赵柠	女	瑶	2006年	2012年	母传	黄石村
	赵钰芳	女	瑶	不详	2015年	师传	黄石村
	祝通芳	女	瑶	1997年	2016年	师传	黄石村

三、广西贺州市龙胜各族自治县江底乡瑶族服饰传承人及其谱系（表6-3）

表6-3　龙胜各族自治县江底乡瑶族服饰传承人及其谱系

序号	代别	姓名	性别	民族	出生年份	学艺时间	传承方式	住址
1	第一代	盘美荣	女	瑶	1904年	1918年	母传	建新村
	第二代	盘桂英	女	瑶	1931年	1944年	母传	建新村
	第三代	邓福英	女	瑶	1952年	1966年	母传	建新村
	第四代	盘秀英	女	瑶	1973年	1987年	母传	建新村

续表

序号	代别	姓名	性别	民族	出生年份	学艺时间	传承方式	住址
2	第一代	盘氏	女	瑶	不详	不详	母传	建新村
	第二代	代氏	女	瑶	不详	不详	母传	建新村
	第三代	代二妹	女	瑶	不详	不详	母传	建新村
	第四代	盘鸿英	女	瑶	1943年	1957年	母传	建新村
	第五代	盘凤姣	女	瑶	1965年	1979年	母传	建新村
		盘桂连	女	瑶	1976年	1990年	母传	建新村
	第六代	盘春艳	女	瑶	1989年	2003年	母传（盘凤姣）	建新村
3	第一代	李三妹	女	瑶	1903年	1927年	母传	建新村
	第二代	盘友英	女	瑶	1922年	1936年	母传	建新村
	第三代	盘美林	女	瑶	1956年	1970年	母传	建新村
	第四代	冯桂英	女	瑶	1976年	1990年	母传	建新村
4	第一代	赵日英	女	瑶	不详	不详	母传	建新村
	第二代	冯玉英	女	瑶	1933年	1947年	母传	建新村
	第三代	冯有兰	女	瑶	1959年	1963年	母传	建新村
		冯友连	女	瑶	1963年	1977年	母传	建新村
	第四代	冯元香	女	瑶	1983年	1997年	母传（冯有兰）	建新村
		赵秀珍	女	瑶	1986年	1990年	母传（冯友连）	建新村
5	第一代	代氏	女	瑶	不详	不详	母传	建新村
	第二代	盘月莲	女	瑶	1917年	1931年	母传	建新村
	第三代	冯美姜	女	瑶	1949年	1963年	母传	建新村
6	第一代	赵氏	女	瑶	不详	不详	母传	建新村
	第二代	赵祝英	女	瑶	不详	不详	母传	建新村
	第三代	冯美英	女	瑶	1951年	1965年	母传	建新村
7	第一代	李妹	女	瑶	不详	不详	母传	建新村
	第二代	赵元英	女	瑶	不详	不详	母传	建新村
	第三代	赵美英	女	瑶	1935年	1949年	母传	建新村
8	第一代	邓老二	男	瑶	1830年	1863年	父传	江底村
	第二代	邓辉	男	瑶	1872年	1901年	父传	江底村
	第三代	邓荣达	男	瑶	1906年	1928年	父传	江底村
	第四代	邓才四	男	瑶	1931年	1951年	父传	江底村
	第五代	邓进民	男	瑶	1956年	1990年	师传	江底村

序号	代别	姓名	性别	民族	出生年份	学艺时间	传承方式	住址
9	第一代	邓氏曾祖母	女	瑶	1818年	1849年	母传	建新村
	第二代	邓氏祖母	女	瑶	1839年	1880年	母传	建新村
	第三代	邓氏母亲	女	瑶	1880年	1908年	母传	建新村
	第四代	邓氏	女	瑶	1907年	1932年	母传	建新村
	第五代	盘荣英	女	瑶	1931年	1977年	母传	建新村
	第六代	赵华凤	女	瑶	1955年	1998年	母传	建新村
	第七代	赵启艳	女	瑶	1981年	2001年	母传	建新村
10	第一代	潘小妹	女	瑶	1931年	1952年	母传	建新村
	第二代	潘富满	男	瑶	1952年	2000年	母传	建新村
		李秀琴	女	瑶	1963年	1998年	师传（潘小妹）	建新村

第七章

南岭走廊瑶族服饰技艺的保护策略

第一节　完善传承人保护与培养制度

一、严格把关传承人的权利与义务问题

（一）设立传承人资格认定机制

瑶族服饰传承人是承载瑶族服饰与制作技艺的关键人物，也是瑶族服饰技艺传承的重要桥梁和主力军。政府或相关机构应当制定明确的认定标准和条件，对传承人进行认定和评估，确保其传承地位和能力。

设立瑶族服饰传承人资格认定机制需要综合考虑瑶族服饰的特点、传统技艺和文化价值等诸多因素。第一，传承人要对瑶族文化具有强烈的认同感和自豪感，将瑶族传统技艺视为一种珍贵的文化遗产；第二，传承人需要具备扎实的专业技艺和丰富的实践经验，能够制作出符合瑶族传统要求和特色的服饰，保持瑶族服饰技艺的纯粹性和精湛性；第三，传承人要对瑶族服饰的历史起源、演变发展、传统用途以及文化内涵有着深入的了解，有利于瑶族服饰文化的宣传与推广。总之，在设立瑶族服饰传承人的认定标准时，应当充分考虑瑶族文化的民族特色和文化象征。

在制定具体的认定标准时，建议专家、社区以及相关政府部门共同讨论、研究和协商，并结合南岭走廊瑶族服饰技艺传承与发展现状严格把关认定标准和程序，确保认定过程的公正性和准确性。同时，应当鼓励传承人积极参与相关的认定程序和评估活动，提供必要的证明材料和展示自己的技艺和知识，以获得政府或者相关机构的认可和认定。

（二）明确传承人权利，强化传承人义务

瑶族服饰技艺具有悠久的历史，承载着丰富的瑶族文化内涵。传承人通常通过口述和实际操作向后代传承技艺，需要投入大量的时间和精力，南岭走廊瑶族服饰技艺的传承环境可能面临诸多困境。首先，传承人才匮乏。瑶族民间工艺的传承主要依靠家族传承、邻里互授、师徒传承等方式进行，但随着社会的发展，为追求更好的教育或者就业

机会，大批瑶族男女青年走出村寨，许多瑶族古村落只剩下老人和小孩，使瑶族服饰技艺的传承出现严重的断层现象。随着时间的推移，有着丰富经验和阅历的老一辈服饰技艺传承人数量也在逐渐减少。其次，经济回报不可观。瑶族服饰技艺的传承不是一蹴而就的，传承非物质文化遗产是一项艰巨而复杂的任务，传承人需要进行长时间的学习和实践创新，以保持传统技艺的生命力和时代价值。但在此过程中传承人可能无法获得相应的经济回报，经济压力可能导致传承人无法全身心投入传承工作中，从而影响文化传承的效果。此外，南岭走廊地区地理环境复杂多样，现代社会的变迁和城市化进程可能会导致传统村落和社区发生改变，传承环境不再具备传统的学习和实践条件，传承人面临新的挑战与机遇。

因此，传承人的工作应该获得来自政府以及相关机构的支持和保障。国家立法机关应当通过制定法律法规明确传承人在非物质文化遗产传承过程中享有的权利，包括获得经济支持、声誉维护、传授权利、知识产权保障等，使其享有对传统技艺和知识的合法权益，并得到相应的尊重和保护。同时，传承人应承担继承和传承瑶族服饰技艺的义务，这包括积极传授技艺给后辈，使传统技艺代代相传；积极参与传统技艺的教学和培训，促进服饰技艺创新发展；积极举办或参与瑶族服饰传承相关的活动和项目，如展览、演出、研讨会等。明确南岭走廊瑶族服饰传承人的权利，制定相关政策和措施，能够为其提供合法保护和支持；而强化其义务，明确传承人的职责所在，又促进了瑶族文化遗产的有效传承和健康发展。

（三）制定传承人培训方案及考核标准

南岭走廊传承人是瑶族服饰技艺的传承者，承载着保护、传承和发展瑶族服饰技艺的重要使命。随着时代发展与社会变迁，相关部门可以建立相应的培训与考核方案，鼓励并指导传承人结合时代要求发展瑶族服饰技艺，为瑶族服饰注入现代元素。

传承人培训方案以及考核标准的制定需要综合考虑瑶族服饰技艺的特点、文化背景、社会需求和传承人的实际情况。这就要求相关部门在制订培训方案时要进行充分的调研工作，结合时代变化和传承人实际需求分析传承人在知识与技能方面的具体要求，以确保培训方案的有效性和实用性。此外，采用多元化方式对培训成果进行定期考核，例如理论考试、实际操作、作品展示、口头演讲等形式，以全面评估传承人在培训结束后的对瑶族服饰技艺的掌握程度。同时，政府可以建立监督与评估机制，对瑶族文化传承人的传承活动进行监督和评估，根据评估结果对培养方案和考核标准进行必要的调整和改进。

确保南岭走廊瑶族服饰技艺拥有合格的传承人，不仅是对瑶族传统文化的保护和传承，也是推动经济发展、促进文化交流和加强瑶族文化认同的重要举措。通过对传承人的系统培训和定期考核，对瑶族服饰的传统技艺的传承和发展具有重要意义，为南岭走廊地区的可持续发展做出积极贡献。

（四）讲述传承人故事，弘扬传承人精神

维护南岭走廊瑶族服饰传承人的权利，同时鼓励他们积极履行自己的义务，不仅需要传承人自身的努力，还需要社会各界的共同支持与参与。传承人的故事是传承非物质文化遗产的生动范例，他们的坚持和奉献精神可以激励更多的人参与到传承工作中。政府以及相关机构可以借助社交媒体和网络平台，以图片、视频、文章等形式传播瑶族服饰传承人的故事，同时展现传承人精神，让更多人了解传承人的工作以及他们对瑶族文化所做的贡献。此外，传承人可以建立自己的社交媒体账号，发布服饰制作过程、技艺分享、文化故事等内容，传递瑶族服饰传统技艺的精髓和价值。通过宣传他们的故事，可以激发更多年轻人对传统文化的兴趣，让更多人愿意成为传承人，传承和发展非物质文化遗产。同时，所展现的传承人精神可以引发社会共识，让更多人认识到传承非物质文化遗产的重要性，这有助于加强社会各界对传承人权利与义务问题的关注和支持，推动相关政策和措施的落实。

通过讲述传承人故事，弘扬传承人精神，可以提高公众对瑶族服饰传承人的认知度和尊重度，提高他们的社会地位和声誉。同时，加强了对瑶族服饰传承人权利与义务的宣传和推广，为弘扬瑶族文化的价值和魅力营造良好的社会氛围和文化环境。

二、实行原真型与创新型双向发展传承人制度

瑶族历史悠久，民族文化丰富多彩。南岭地区的瑶族经过上千年的文化传承与积淀，形成了具有鲜明地域特色和文化价值的非物质文化遗产资源。瑶族服饰技艺是瑶族非物质文化遗产资源的重要组成部分，承载着瑶族人民丰富的历史记忆。保护瑶族服饰技艺的原真性是实现瑶族非物质文化遗产资源创新发展和可持续发展的基础，国家和政府要鼓励传承人坚持走瑶族服饰原真型与创新型双向发展路径，在保证核心技艺原汁原味的前提下结合时代要求促进瑶族服饰的创新发展。

（一）鼓励传承人在传统技艺的基础上发展创新

南岭走廊瑶族服饰技艺包括服装设计、图案刺绣、编织技艺、染色工艺等多个方

面，是中国瑶族文化的一个重要组成部分。原真型传承人经过长期的学习和实践，了解服饰的制作工艺、文化意义、传统用途等，能够准确细致地传承瑶族服饰技艺的传统风格和特点。他们是传统技艺的守护者和传承者，通过传授传统技艺和知识将瑶族服饰的文化价值代代相传，保留了瑶族服饰传统技艺的真实性和纯粹性。但同时，为了保证瑶族服饰技艺在现代社会中的持续发展，政府和相关文化部门需要鼓励老一辈传承人在传统技艺的基础上发展创新，瑶族的传统服饰要在现代社会中谋求生存与发展，寻求新的发展路径是不可避免的首要责任。同时要积极推行原真型与创新型双向发展的传承人制度，为传统技艺注入新的活力。

（二）建立交流渠道，促进传统技艺与现代元素的融合

瑶族服饰传统技艺与现代时尚元素的融合存在诸多挑战。首先，传统技艺和现代元素可能来自不同的文化背景，反映着不同的价值观，在交流融合的过程中可能面临文化冲突和碰撞。在此过程中需要传承人关注传统技艺的核心要素，避免瑶族服饰技艺失去独特性和传统价值。其次，传统技艺与现代元素的融合对传承人的能力有较高要求。融合发展不仅要求传承人掌握传统技艺，还需要他们对现代潮流文化有一定的见解。此外，现代审美趋势和流行风格的变化速度较快，而传统技艺的创新发展需要耗费一定的时间和精力，这使融合过程更为困难。

因此，推动原真型与创新型双向发展的传承人制度的有效实施，需要当地政府和文化组织的共同帮助和支持。第一，建立培训机制。为了实现传承人的双向发展，确保传承人获得全面的专业培训，当地政府和相关机构要主动为传承人组织专业的培训和教育活动。一方面邀请老一辈传承人传授传统技艺，进行剪裁、染色、刺绣等方面的技能训练，另一方面邀请专业人员进行现代设计、市场营销等相关知识的讲解。完善的培训与教育体系，使传承人有机会获得全面的知识和能力，能够在传统技艺和现代元素的融合中发挥重要作用。第二，提供交流平台。可以提供专门的场所作为文化交流中心，邀请把握时代潮流的设计师、艺术家、企业家等来到南岭走廊，与传承人进行交流和创作合作。探索新的材料和工艺应用，寻找符合现代需求的创新方式，将传统材料和工艺与现代技术相结合，为瑶族服饰带来新的面貌和特点，共同推动瑶族服饰的创新和发展。传承人之间也应加强交流和合作，分享经验、技艺和市场信息，促进共同成长。第三，提升创新能力。政府和相关机构应当设立研究机构或中心，呼吁广大传承人以及来自不同领域的专业人员加入，为瑶族服饰的创新性设计、材料研究、工艺实践提供人才支撑与资金支持，推动传承人在瑶族服饰领域的研究和创新。

（三）在实践中寻求原真传统与创新发展的平衡

原真传统与创新发展的平衡是指在传承和发展传统文化与技艺的过程中，保持传统技艺的原汁原味和核心价值，同时融入现代元素和创新，使传统文化在现代社会中继续发展、焕发活力，而不是简单地保守传统或盲目地追求创新。原真传统与创新发展的平衡是一个动态的过程，需要传承人在实践中不断探索和调整。传承人有责任保护和传承瑶族服饰文化遗产，包括相关的服饰、图案、制作工艺等。他们应尊重传统制作方法、材料选择和文化意义，避免对瑶族服饰文化遗产的伪造或滥用。与此同时，传承人有责任进行研究和创新，不断学习和探索新的设计元素、材料和工艺，为瑶族服饰带来新的艺术表达和时代内涵。在保持传统技艺的纯粹和独特性的同时，积极拥抱创新，让传统文化在现代社会中焕发新的生机与活力。

建立原真型与创新型双向发展传承人制度，在保护和传承传统技艺与知识的同时支持研究与创新，能够促进传统技艺与现代元素的融合，为瑶族服饰技艺在现代社会的发展创造更广阔的空间。

第二节 提供"机制＋资金＋资源"多方位扶持

一、国家健全非物质文化遗产的激励机制

非物质文化遗产代表着一个民族或地区独特的文化传统和历史记忆，国家健全非物质文化遗产的激励机制可以促进社会各界对非物质文化遗产的传承、保护和发展。国家和政府要立足于多个角度，建立健全瑶族文化技艺传承的激励机制，推动瑶族服饰文化的持续发展。

（一）建立健全法律法规，加大政策支持力度

国家和政府要制定专门的非物质文化遗产保护法律，明确将瑶族服饰技艺列入非物质文化遗产范畴之中，以保障传承人的权益。而当地政府要实地考察南岭走廊的地理

环境和非遗文化传承现状，基于此制定地方性法规，细化瑶族服饰技艺传承人的权利和义务，并明确传统技艺的核心要素，加强知识产权保护，防止非法使用和侵权行为的发生。同时，要针对南岭走廊瑶族服饰技艺的特点，制定专项发展政策，为传承活动的开展提供经费与场地支持，加大瑶族传统文化传承的政策帮扶，激励传承活动的可持续发展。

（二）调整资金分配体系，采取经济激励措施

非物质文化遗产的传承需要充足的资金作为支撑，因此资金分配体系亟待调整，为南岭走廊的文化传承工作提供必要的经费支持。一方面，将南岭走廊地区作为国家和政府的重点支持对象，为该地区设立专门用于瑶族服饰传统技艺传承和发展的专项经费。而针对具体的传承项目，当地政府应当为传承人设置申请单独拨款的渠道，确保项目的实施和完成。另一方面，南岭走廊地区在资金分配过程中，需要加强审核和监督，确保资金的合理利用；同时，确保资金在使用过程中透明公开，让公众了解资金的使用情况以及效果，以获得社会的信任和支持，为南岭走廊地区树立良好的形象。

此外，还可以设置奖励机制，向在传承工作中做出突出贡献的个人、团体以及组织授予荣誉称号，并考虑为传承人以及活动组织发放奖金，从精神方面和经济方面激励更多的人投身于瑶族传统服饰技艺的传承工作。

（三）开辟文化传承路径，推动国际交流合作

传承人通过口述或实践操作将传统技艺传承给后辈是瑶族文化传承中最基本的一条路径，但该方式存在一定的缺陷。第一，口述依赖于传承人口头传承知识和技艺，而瑶族方言或特殊词汇可能不易被理解或传达给年轻一代，可能存在交流障碍问题；第二，实践传承依赖于传承人和学习者的直接互动，需要统筹安排双方的时间以及教学地点，实际操作中可能存在较大局限；第三，口述传承和实践操作的方式不仅需要耗费传承人和学习者大量的时间和精力，而且无法保证传承的效率和质量。因此，我们需要将传统技艺传承与现代教育手段结合，开辟高效便捷的文化传承路径。我们可以借助电子设备将传承人需要口述和服饰技艺以视频的方式记录与保存下来，并选择合适的渠道为世界上有志于学习瑶族文化的学习者提供学习与交流的平台。此外，国家和政府要鼓励与支持南岭走廊文化传承人与其他国家和地区开展文化交流与合作，举办文化节、展览、演出等活动，让南岭走廊瑶族服饰传统技艺走出国门，迈向国际舞台，使我们国家的非物质文化遗产得到广泛展示和宣传。

二、企业加大扶持力度

很多企业将社会责任视为重要的经营理念之一，支持社会公益事业的发展。南岭走廊瑶族服饰技艺的传承是一项重要的非物质文化遗产保护工作，需要有足够的资金支持传承人的培训以及传承活动的开展。在这个过程中，企业的扶持非常关键。

（一）设立支持瑶族服饰技艺传承的专项基金

为南岭走廊瑶族服饰技艺设立专项基金意味着该企业对服饰技艺的传承提供了长期的资金支持，为传承工作的持续开展提供了保障。在专项基金设立之初，企业要与传承人或者相关文化机构积极沟通，明确设立基金的目标和用途，其中包括传承人和学徒的培训费用、制作服饰所需的材料费和工具费以及宣传和推广所需要的费用等。此外，企业需要制订详细的基金管理计划，明确资金的筹集方式、使用流程、管理机构等，确保基金使用的透明公开。

企业设立专项基金的意义不仅在于为瑶族服饰的传承提供资金扶持，更在于为瑶族服饰的发展提供长远的目标和计划，从而更好地解决传承工作中遇到的问题和挑战。同时，企业可以发挥自身的影响力与凝聚力，宣传和推广基金的设立以及资助的项目，增加员工甚至更多人对瑶族服饰传统技艺的认知和了解，鼓励更多人参与瑶族文化的传承。

（二）为瑶族服饰进入市场提供专业指导

相比瑶族服饰文化传承人，企业通常具有丰富的商业经验和市场洞察力，拥有专业的品牌建设和营销团队，他们了解市场发展趋势、消费者需求，能够帮助瑶族服饰传承人在产品定位和市场开发方面提供策略和指导。企业还可以协助传承人进行产品开发和设计，鼓励传承人在设计风格、材料选择、工艺技艺等方面进行创新实践，提升瑶族服饰的市场竞争力。

瑶族服饰走进市场在为传承人带来经济收益的同时，也为瑶族服饰提供了商业化发展的机会，对瑶族服饰的传承有着积极影响。拥有完善销售网络的企业要帮助传承人寻找合适的销售途径，拓展产品的销售范围和渠道，以促进文化传承和商业发展的有机结合。

（三）与相关文化机构建立稳定的合作关系

南岭走廊地区存在一些地方性的文化机构、民间组织或者政府部门，其中包括南岭民族走廊研究院、博物馆等，他们长期致力于传承保护、宣传展示以及开发研究南岭走廊地区的民族民间文化，专注于研究、保护和传承南岭走廊地区的非物质文化遗产。这些文化机构通常拥有丰富的瑶族服饰文化资源和专业知识，企业与其建立稳定的合作关系对于瑶族服饰文化传承有着重要意义。

企业与文化机构合作可以共同推动瑶族服饰文化的保护与传播。文化机构在研究、展览和推广方面具有丰富经验，而企业可利用自身资源和渠道为瑶族服饰的推广找到更广泛的受众群体。此外，双方的合作可助力于瑶族服饰技艺与现代元素的融合，创造出兼具瑶族风采与时代特色的服饰，使传统文化焕发新的生命力。

三、高校提供培养传承人的教育资源

高校通过提供培养传承人的教育资源，为学生了解和学习瑶族传统文化开辟了路径，也帮助瑶族学生建立起对本民族文化的认同感和自尊心；同时也可以促进学术界对于瑶族文化的深入研究，为传统文化的创新发展提供了机会。

（一）邀请传承人进校园，开设专业学科课程

邀请传承人进入校园为学生开设瑶族传统文化专业课程，是高校培养传承人的一项重要举措。高校开设的专业课程，要涵盖南岭走廊瑶族服饰传统技艺的历史文化背景、设计原理、手工艺制作方法等内容，给学生提供一套系统的学习体系，使他们了解瑶族文化的历史及价值。学校也可以提供专门的教学场所供传承人在校园内进行现场教学，向学生展示传统技艺的制作过程和技巧，可能会激发学生对传统技艺的兴趣和热情，有利于增强学生的学习和理解效果。在专业课程的学习后，高校可以邀请资深的瑶族服饰传统技艺传承人或从业者作为学生导师，为真正感兴趣的同学进行深入细致的指导，同时鼓励学生参与实际的传统工艺实践活动，在实践中更好地掌握瑶族服饰技艺，理解瑶族文化内涵。

（二）鼓励社团文化活动，提供交流实践机会

开展社团文化活动是高校培养传承人的另一种重要途径。学校要大力支持学生组建有关传承瑶族文化的社团，并为社团活动的开展提供帮助。一方面，学校可以引入专业的传承人作为社团指导老师，为社团成员提供专业指导和技艺培训；另一方面，学校要提供充足的经费以及合适的场地供社团开展活动，鼓励学生积极参与学校的文化展示和演出活动。此外，社团负责人可以通过校园媒体、社交平台等渠道宣传瑶族文化社团，

让更多人了解创建该社团的意义和价值，鼓励他们参与其中。

通过举办社团文化活动，可以在校园内营造浓厚的传统文化氛围，鼓励更多学生参与瑶族文化的传承工作。社团活动为学生提供了实践传统文化的机会，通过组织展示、演出、工艺制作等活动，学生可以将所学技艺应用到实践中，提升传承技能。社团活动不应局限在学校范围内，还可以走向社会。高校可以与相关行业或传统文化保护组织合作，为学生提供实习和实践机会。

（三）选拔社会实践队伍，实地感受瑶族文化

让学生亲身走进南岭走廊地区，近距离感受瑶族服饰传统技艺的实际制作和使用场景，是高校培养传承人、提供教育资源的一种非常有价值的教学方法。学校首先要通过宣传栏、官媒、班级群等途径招募对瑶族文化有浓厚兴趣并愿意参与社会实践队伍的学生，并从报名的学生中进行筛选和选拔，根据学生的兴趣、背景、学术专长等条件进行综合评估，确保选拔的成员能够积极参与实践活动并有所贡献。其次，在社会实践队前往实地之前，学校应当邀请专业人士为他们提供必要的背景知识和指导，让队员对南岭走廊地区的瑶族文化有初步的了解。同时，实践队伍负责人要提前联系制订活动计划，明确社会实践的目标和内容。

带领社会实践队伍前往南岭走廊瑶族聚居区，实地感受瑶族文化。可以参观传统手工艺制作、欣赏瑶族舞蹈音乐、品尝传统美食等。社会实践队伍要积极与当地居民进行文化交流，了解他们的生活方式、价值观念等，进一步理解和体会瑶族文化。活动结束后，要组织队伍成员进行实践总结和分享并进行成果展示，可以在校园内举办展览、演讲或文化活动，和更多人分享自己所感受到瑶族文化内涵和价值。

第三节　弘扬瑶族文化自信与传播

一、增强瑶族民俗文化自信

民俗文化是一个民族或地区传统文化的重要组成部分，是一个民族或社会群体在长

期的生产实践和社会生活中逐渐形成并世代相传的文化事项。民俗文化能够增强民族认同，强化民族精神，塑造民族品格，是祖祖辈辈劳动成果的象征和集体智慧的结晶。瑶族的民俗文化是瑶族人民的独特标识，是民族认同感的重要来源。瑶族民俗文化的认知水平受到个体、地域和教育程度等因素的影响，它的提升面临诸多挑战。因此，要采取多种方式提升瑶族民俗文化认知水平，增强瑶族民俗文化自信，使瑶族后辈能够更好地了解和传承祖先的智慧和价值观，保护和传承文化遗产，让传统文化得以延续。

（一）加强民俗文化教育，培养文化传承新力量

随着高科技时代的到来，很多民俗文化被边缘化或陌生化。与此同时，新的教育理念与模式也造成年轻一代与民俗文化之间的疏离。提升瑶族民俗文化认知水平的关键一步就在于加强对年轻一代的教育，让他们了解自己的民俗文化、传统习俗、音乐舞蹈、神话传说等，感受传统民俗文化所蕴含的智慧和价值。教育部门可以编纂有关瑶族的民俗文化教材，以生动形象的方式介绍瑶族的历史文化、传统节日、风俗习惯等，增进学生对本民族文化的认知和了解，激发他们对于瑶族民俗文化的兴趣。瑶族地区的中小学校应将本民族的民俗文化纳入学校的教育体系，聘请专业的民俗文化教师开设民俗文化课程，为学生更好地理解和认同本民族文化提供可能。此外，学校要鼓励学生参加传承瑶族非物质文化遗产的研学活动，组织学生参观瑶族传统村落、民俗博物馆等地，亲身感受瑶族民俗文化的魅力。首先，学校要根据研学活动的目标制订一套切实可行的方案，同时及时与研学活动目的地的负责人取得联系，征得他们的同意和支持。其次，学校要为参与活动的教师提供全面专业的培训，更好地引导学生参与活动。最后，在学生参与研学活动的过程中，学校可以请求瑶族民俗文化的传承人为学生现场展示瑶族的服饰文化、饮食文化以及歌舞文化等传统技艺，提升学生的活动体验感和参与感。

家庭教育对提升年轻一代的民俗文化认知水平同样重要，家庭也可以是传统文化传承的重要场所。家长应当重视孩子的传统文化教育，给他们讲述瑶族的历史、传统节日、习俗、民间故事等。在瑶族传统节日，家长要鼓励并引导孩子参与传统节日活动，加入瑶族传统节日的庆典，亲身体验民族民俗文化的独特魅力。此外，社会教育在提升年轻一代民俗文化水平所能发挥的作用也不容忽视。社区以及相关文化机构可以举办瑶族民俗文化展览活动，向社会各界展示瑶族传统文化的丰富内涵和历史价值。同时要鼓励学生积极参与瑶族文化志愿活动，投身于文化保护与传承工作，增强对民俗文化的认知和感悟。总之，加强民俗文化教育，为瑶族传统文化的传承和发展培养新的力量需要学校、家庭以及社会的共同努力和支持。

（二）丰富传统节日活动，展现民俗文化魅力

节庆文化和歌舞文化与瑶族传统服饰技艺都是瑶族地区的非物质文化资源的重要组成部分。"盘王节"是瑶族同胞纪念祖先的传统民族节日，于每年农历十月十六日举办。在这一天瑶族人民身穿色彩鲜艳的瑶族传统服饰，杀鸡宰鸭，唱《盘王歌》，跳长鼓舞，追念先祖盘王的功绩，歌扬先祖奋勇拼搏的精神，是全国瑶族同胞最盛大的节日。其中，《盘王歌》是瑶族典型的民族文学著作，其内容主要反映了瑶族发展的历史进程、瑶族同胞的生产生活实践以及瑶族人民信奉的民间故事和神话传说等，凝聚了瑶族人民的生活智慧和情感向往。而另一个传统节日"赶鸟节"（每年农历二月初一）则是瑶族青年男女最喜爱的节日，在这一天，瑶家青年男女相约上山对歌，纪念歌仙。瑶歌对唱在瑶族人民感情交流中充当着必不可少的角色，这也逐渐演变成青年男女互诉爱慕之情的方式。瑶族传统节日与歌舞文化背后蕴含着瑶族人民千百年来的信仰，反映了瑶族人民的思想意识和价值观。瑶族人民要始终坚定民族信仰，坚持组织与参与传统节日的活动和庆典，并鼓励瑶族居民积极参与其中，共同体验瑶族先民为后辈留下的精彩文化传统，在传承瑶族民俗文化的同时感受节日活动的乐趣。同时，活动负责人可以适当引入现代元素，如舞台效果、灯光音响等，使传统节日庆典更加精彩。此外，还可以借助互联网和社交媒体平台，推广传统节日庆典信息，转播活动现场，向全社会展现瑶族民俗文化的独特魅力。

此外，瑶族人民的婚嫁和丧葬习俗也展现了瑶族地区独特的民俗文化，瑶族人民至今仍然完整保留着先祖留下的传统婚俗。比如打泥巴、打蹈、拦门酒、对歌定情等传统婚俗活动。瑶族人民的婚嫁服饰丰富独特，尽显瑶族风情。婚礼上新郎新娘身着盛装，其头饰、胸饰和腰饰都是由传统手工技艺所制，寄托了对新婚夫妻的美好祝福。瑶族人民的丧葬礼仪也具有丰富的历史传统。譬如南丹白裤瑶的丧葬文化包括整装报丧、击鼓造势、砍牛送葬、跳猴鼓舞、沙枪送别、宴请宾客等，瑶族的丧葬礼仪展现了逝者生命的完美终结，也表达了瑶族后辈对先祖的尊重和哀悼。瑶族人民要继续保留先祖流传下来的传统婚俗与丧葬民俗，并加强瑶族传统服饰技艺在此民俗文化中的表达，提升瑶族人民的文化认同感和民俗文化自信。

二、提升瑶族地域文化自信

地域文化指在一定的地理条件下，某一地区的人在长期的历史发展过程中，通过劳

动创造不断得以积淀、升华的物质与精神文化成果。地域文化受地域气候、环境特征等因素的影响，能够反映当地自然环境以及社会生活各个层面的文化特色。瑶族地域文化与服饰技艺之间存在着紧密的联系。瑶族人民多生活在山地和丘陵地区，该地域的自然环境、气候和资源状况对瑶族服饰技艺的产生和发展有着深远影响。同时，地域文化为瑶族服饰的多样性演化发展提供了前提和机会，生活在不同地域的瑶族群体在服饰制作工艺、图案纹样以及所用材料上都可能存在差异。总之，瑶族地域文化与瑶族服饰技艺相互交织，彼此关联。瑶族服饰作为地域文化的象征和标识，因此提升瑶族地域文化自信对于瑶族服饰技艺的传承与发展具有深远意义。

（一）把握地域文化特征，助力地域文化动态发展

南岭走廊地区瑶族人民的地域文化不是一朝一夕形成的，而是随着人类社会的发展不断演化而成，其特殊的地理环境条件及生产生活条件使瑶族地区存在着特定的自然景物和人文风情。让更多人了解南岭地区的历史、风土人情和文化传统，对于提升瑶族人民地域文化自信具有重要意义。瑶族地域文化的形成可以追溯到古代。南岭走廊瑶族人民一直过着游耕式生产生活方式，是一个宗教信仰自由、信奉多神的民族。他们始终不忘自己的根，珍藏与流传着民族起源与发展的故事与传说。这些故事和传说形成了瑶族文化的基础，也对瑶族地域文化的产生和发展发挥了重要作用。此外，瑶族地域文化在漫长的形成过程中还受到经济、政治以及地理环境的制约和影响。因此瑶族地域文化在民族传统文化的基础上不断进行着动态发展，既具有继承性，又具有动态性。要立足于瑶族地域文化在历史演变中的特征，并结合时代特点推动瑶族地域文化的创新与拓展。要鼓励支持各级学校结合区域特点研发、开设传统文化校本课程，分学段、分年级开展中小学传统文化主题活动，特别是在传统节日和节气中潜移默化地组织开展传统文化教育活动，在学科课程中融入传统文化教育，增进学生对本民族地域文化的认同感。

（二）推动民族文化交流，促进文化多元发展

长期以来，南岭走廊地区是我国壮侗语族和苗瑶语族以及汉、回等民族聚居的地方，是我国中南民族与部分西南民族交汇融合的地区，该地区民族及族群构成复杂，文化积淀深厚。由于族群长期的迁徙、流动和融合，各民族在生产生活、民风民俗、宗教信仰等方面既存在一定相似性，又独具自己的风格。因此要积极推动少数民族之间的文化交流，增进不同民族之间的理解与合作。

文化部门可以在南岭走廊少数民族聚居区定期举办文化交流活动，邀请当地少数民

族文化传承人分享本民族文化传承与发展的成果与经验，为其他民族文化的传承与发展提供新的思路与方向。另外，南岭走廊各少数民族要加强合作意识，共同发掘南岭走廊独具特色的人文环境和地理资源，在充分发挥地域优势的同时促进本民族文化的多元化发展。

（三）开发地区旅游资源，弘扬地域文化特色

南岭走廊地区旅游资源丰富多彩，国家和政府要全面评估该地区的自然景观、人文景观以及历史文化资源等，整合具有瑶族地域特色和文化价值的旅游资源，结合瑶族民俗文化打造丰富多样的旅游产品。首先，南岭走廊地区有着悠久的历史和独特的文化，文化和旅游部门可以通过建设瑶族文化村落、博物馆、展览馆等场所，向大众展示瑶族人民的生活方式、传统服饰以及节庆活动等。同时，瑶族的美食也是吸引游客的重要因素，政府可以鼓励瑶族人民开设特色的瑶族餐厅或农家乐，为游客提供正宗的瑶族美食，展现瑶族地区独特的美食文化。其次，设计一些具有参与性和互动性的民俗体验活动，如瑶族服饰制作、歌舞表演等，并鼓励游客积极参与其中，使游客更直观地感受瑶族精彩纷呈的传统文化。此外，文化和旅游部门还可以利用南岭走廊丰富的自然景观，打造一批生态旅游项目，如山水徒步、自然保护区探险等活动，在保护游客安全的前提下让他们有机会在大自然中感受瑶族地区独特的地域风情。总之，国家和政府部门要在保护南岭走廊原始生态环境的前提下开发具有瑶族地域特色和文化内涵的旅游资源，促进瑶族服饰技艺的传承与瑶族人民地域文化自信的提升。

第四节 坚持经济效益与社会效益相统一

经济效益是传承活动的重要支撑，而社会效益是传承活动的终极目标。经济效益和社会效益相辅相成，瑶族服饰传承活动既要保持核心技艺的特色和纯正，又要结合时代特征进行创新，开发出具有市场吸引力的产品，确保瑶族服饰技艺的可持续发展。因此，在制定瑶族服饰技艺的保护策略时，要兼顾经济效益的社会效益，坚持经济效益与社会效益相统一。

一、确保社会效益的优先性

所谓优先，就是在解决社会效益和经济效益的问题时，先考虑社会效益，再考虑经济效益。在非物质文化遗产的保护与传承中，将社会效益摆在优先发展地位具有重要意义。一方面，能够保护瑶族文化的地域特色，保持服饰技艺的传统特色和纯正性，防止其遭受过度的商业化而失去文化内涵和传统价值；另一方面能够提升瑶族人民内部的凝聚力与自信心，进而推进瑶族服饰技艺的可持续发展，为南岭走廊地区的发展乃至社会和谐做出积极贡献。

（一）制定相关政策，确保社会效益优先发展

政府部门要制定相关政策，明确将社会效益作为政策制定和执行的优先考虑因素，为社会效益的实现提供法律保障和政策支持，确保社会效益在传承活动中得到充分展现。同时，要建立科学有效的社会效益评估体系，全面评估政策落实情况，并结合实际进行政策调整以确保社会效益的有效实现。

（二）进行传统文化教育，增强社会责任感

传统瑶族服饰技艺代表着瑶族的文化传统和民族认同，是瑶族非物质文化资源的重要组成部分，对维护地区的文化多样性和社会和谐起到了积极作用。保护和传承传统技艺可以提升民族文化自信，增加民众的文化认同感。因此，要加强对瑶族服饰技艺的宣传和教育工作，让更多人了解其文化价值和重要性。同时，传承活动本身也是一种社会教育，能够增强公民的文化素养和传统价值观。传承人要积极开展传统技艺的培训和教育活动，吸引更多年轻人参与，培养传承人才。文化机构、博物馆等要参与瑶族服饰技艺的传承和保护工作，举办相关的文化活动和展览，增强社会的文化认同和认知，为瑶族文化的传播提供专业的支持和保障。总之，社会各界应该共同努力，增强公民的社会责任感，形成全社会对传统技艺传承的共识，促进社会效益最大化。

（三）促进文化产业发展，提高社会影响力

文化产业不仅对经济的发展有着积极的贡献，还对文化的传承与创新有着重要的促进作用。文化产业有意识形态的属性，其文化传播力非常强大，能够形成潜移默化的影响。它是连接传统文化与现代社会的桥梁，也是文化交流融合的重要平台，向社会展示瑶族传统文化的软实力。要按照市场规律把产业做大做强，发挥市场在文化资源配置中的积极作用。瑶族

服饰技艺蕴含着独特的艺术元素和丰富的文化内涵，为发展文化产业提供了宝贵的素材。

将瑶族服饰技艺与现代文化产业相结合，可以创造出更多有吸引力的文化产品和服务，创造更多就业机会，提高居民的收入水平，改善民生。所带来的经济增长将为社会提供更多资源，用于文化传承和社会公益事业。同时，要推动文化产业和旅游业的融合发展，吸引更多游客来到南岭走廊地区近距离感受瑶族传统文化的魅力。文化产业的繁荣发展不仅可以增强南岭走廊瑶族人民对自己传统文化的认同感和自豪感，还能提高南岭走廊瑶族服饰技艺在社会上的影响力。

（四）重视社会反响，持续提升社会效益

非物质文化遗产的传承活动不仅要追求经济利益，更要注重长远发展，考虑社会的可持续发展。传承活动应该将社会效益融入长期规划，关注社会反馈和意见，重视有关南岭走廊地区瑶族文化传承活动的社会反响。通过社会反响，可以及时了解公众对传承活动的反馈和意见，发现活动中存在的问题和不足。根据反馈信息，及时调整活动策略，改进活动内容和形式，确保活动更符合公众需求，以此提高社会认可度和参与度，从而提升活动的社会效益。

二、保证经济效益的重要性

尽管社会效益优先，但也不能忽视经济效益。南岭走廊地区是我国瑶族、苗族、侗族等少数民族聚居地，该区域主要依靠农业维持生产生活，工业发展落后。南岭走廊地区贫困县、贫困村分布密集，贫困人口比例高，是我国的贫困地区。因此，传承活动所能带来的经济效益具有重要作用，这将有可能帮助瑶族人民走出生活困境、摆脱贫困现状，进而有余力为瑶族非物质文化遗产的传承贡献自己的力量。同时，良好的经济效益可以为传承活动吸引更多的人才，提升传承活动的质量和水平。另外，经济效益的提升可以吸引更多企业和机构参与瑶族服饰技艺传承活动的投资与合作，形成跨界合作，促进产业协同发展，为瑶族文化的传承提供一定的资源和资金支持，确保传承活动的持续进行。政府要提供财政支持和优惠政策，吸引更多企业参与投资和合作，共同助力瑶族传统文化的传承与发展。

（一）整合地区资源，打造完整产业链

南岭走廊地区是中国三大民族走廊之一，该地区不仅有着丰富的自然山水资源，更拥有古老悠久的民族文化资源。瑶族是一个具有悠久历史的山地民族，形成于晋代，至今已经有一千多年的历史。在瑶族千百年来的形成与发展过程中，瑶族人民大多数时间都在南岭走廊的山区间迁徙移动，逐渐形成了"南岭无山不有瑶"的分布格局。此外，瑶族人民在漫长的历史发展进程中，创造了独特而具有丰富内涵的瑶族传统文化，在服饰、婚姻、饮食、建筑等方面，形成了属于瑶族人民自己的风俗习惯，反映了瑶族人民在宗教信仰、道德观念、文化艺术等方面独特见解与伟大成就。但长期以来，南岭走廊的文化资源没有得到很好的整合与发展，文化产业呈细小化、零散化发展趋势，传统文化的潜在价值亟待开发。

多民族聚居的南岭走廊，基本处于省际边界。按照我国目前的行政区域划分，南岭地区包括广东韶关、清远、河源，广西桂林、贺州、梧州，湖南郴州、永州、怀化、邵阳，江西赣州等地。南岭走廊地区地形地势复杂，南岭走廊地区各省市要加强协作，整合南岭走廊各项资源，打造南岭走廊合作发展项目，为改善南岭走廊人民的物质文化生活提供指导与支持。同时，依托南岭走廊地区独特的地理环境优势和瑶族民俗文化促进产业集群发展，逐步打造完整的瑶族服饰技艺产业链，实现产业链上各环节协同协作，提高瑶族服饰技艺产业的整体竞争力和社会效益。

（二）加大宣传力度，打造瑶族文化产业品牌形象

瑶族传统文化背后蕴藏着丰富的文化内涵和文化价值。为瑶族文化产业打造品牌形象能够凝聚瑶族文化的核心价值和传统特色，引导消费者深入了解、传承和保护瑶族非物质文化遗产。此外，强大的品牌形象能够提升南岭走廊地区人民对瑶族文化产业的认同感和自豪感，增强产业自信，鼓励他们将瑶族传统技艺与现代设计相结合，开发新的产品和市场，开拓新的市场需求和经济价值。

瑶族服饰文化是瑶族重要的非物质文化资源之一，服饰风格各异，具有独特文化内涵，是南岭走廊瑶族传统文化的重要组成部分。瑶族服饰产业要在传承中创新，将传统元素与现代时尚相结合，开发出既有瑶族风情又符合现代人审美的产品。此外，要为消费者讲述瑶族服饰背后的文化故事和历史传承，以故事为载体，增加消费者的情感认同，逐步打造瑶族服饰技艺品牌形象，提升品牌的知名度和满意度，吸引更多的支持者和消费者，实现经济效益和社会效益等多重效益，为瑶族传统文化的传承发展做出贡献。

（三）发展文化创意产业，推进经济效益与社会效益双提升

非物质文化遗产不仅具有文化价值，还蕴含着丰富的经济价值。通过激励机制，国

家可以促进非物质文化遗产与文化产业的结合，推动传统文化的商业化和创意产业的发展，实现可持续发展。传承人要深入挖掘瑶族历史、民间故事、音乐舞蹈、服饰技艺等非物质文化资源，为文化创意产业的开拓与发展提供丰富的素材。要鼓励来自世界各地的设计师和艺术家以瑶族文化为背景，利用所挖掘的文化素材创造独特的创意产品，为瑶族文化创意产业的发展提供支持。

同时，为了保证瑶族文化创意产业的经济效益，要深入了解市场需求，将瑶族文化传统与现代市场需求相结合，根据市场反馈开发与调整具有瑶族特色的产品和服务，确保创意产业既保持传统技艺的原汁原味，又能吸引现代消费者，促进文化创意产业更好更快发展，实现经济效益和社会效益的双赢。

坚持经济效益与社会效益相统一是在传承和保护南岭走廊地区瑶族服饰技艺的过程中非常重要的指导原则。只有确保经济效益和社会效益的平衡与统一，传统技艺才能在现代社会中焕发新的生机与活力。

第八章

南岭走廊瑶族服饰技艺的保护路径

本章以南岭走廊瑶族服饰技艺的传承与发展作为出发点,从生产实践、文旅融合以及整合营销三个方面探讨了瑶族服饰技艺的保护路径,具有现实意义。瑶族服饰技艺的传承与发展面临着严峻挑战,传承人要勇于打破原有思维模式,探索适合瑶族非物质文化遗产的可持续发展之路。图8-1展示了南岭走廊瑶族服饰技艺保护的实施路径。

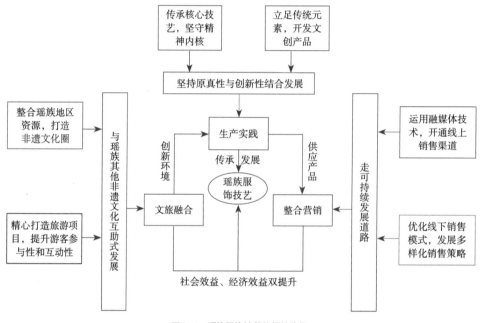

图8-1 瑶族服饰技艺的保护路径

第一节 生产实践——原真性与创新性相结合

非物质文化遗产的传承需要在保持原真性的基础上适度地进行创新,以适应现代社会的需求,并通过生产实践寻找原真性与创新性的平衡,既确保传统的真实性和独特性得以保留,又能为传统文化注入新的活力和能量,并为其赋予现实意义。瑶族服饰技艺是瑶族传统文化的重要组成部分。瑶族人民在漫长的迁徙过程中，生存环境恶劣，处境艰难，"服饰"成为他们表达或者记录各种文化信息的工具。以固定形状和特定含义出现于服饰上的传统纹样，蕴含着瑶族人民淳朴的民风民俗以及瑶族人民心中的美好愿望。这些形象鲜活的瑶族文化符号，涵盖了瑶族人民长久以来的生活特质，凝聚着瑶族文化的灵魂，展现了伟大的民族精神。尊重和保护瑶族服饰文化的原真性能够保留历史印记，维护瑶族文化的连续性。但随着时代的变迁，人们的生活方式以及审美观念发生了翻天覆地的变化。瑶族传统文化的传承人必须跳出传统思维，借助现代化的新技术、新观念，拉动瑶族传统文化的创新性转变，使其在新时代的文化氛围中也能大放异彩。

一、传承技艺守正精神内核

（一）把握瑶族服饰技艺精髓，保证核心技艺原汁原味

瑶族服饰以色彩斑斓、图案繁缛、工艺精湛而闻名遐迩。染色、挑花、刺绣、织锦等一直是瑶族人民用来制作民族服饰的传统工艺。《后汉书》中有瑶族先民"好五色衣服"的记载，后世也有瑶族穿"斑斓布"的表述。至今，瑶族服装仍然色彩丰富、装饰精美、款式多样，具有独特的民族风格。瑶族扎染是中国传统的手工染色技术之一。早在汉代，就有瑶族先民"织绩木皮，染以草实"的记载。瑶族妇女精于蓝靛印染，至今仍保留着一套完整的印染技术。其工艺特点是用线、绳等工具，在被印染的织物打绞成结后，再进行印染，然后把打绞成结的线拆除的一种印染技术。其染色采用新鲜的大茶叶树、蓝靛果树等天然颜料调色，通过线扎图案方式使颜色深浅不一，染色后解开扎线，自然成形。瑶族扎染图案丰富、色调素雅、风格独特，用于制作服装服饰和各种生活实用品，显得朴实大方、清新悦目，具有浓郁的民族风情。此外，瑶族服饰的魅力还集中反映在刺绣工艺上。瑶族刺绣一般多是在一块块小几何形的布上或绸上刺绣，然后拼制成一幅图案，缝于衣、裤、裙、头巾、脚绑、腰带上，用途极广。瑶族妇女在刺绣的过程中，往往会将现实生活中的树木花草、山水禽兽加以综合、夸张、变化，根据自己的理想和愿景去改造刺绣的原形。瑶族刺绣图案是生动灵活的，体现出瑶族人民对美好生活的向往与追求。在瑶族刺绣中，挑花技艺别具一格。瑶族挑花技艺不用事先在布上描绘图案纹样，挑绣者根据本民族的风俗习惯、审美观念以及实际需求凭借聪明才智和丰富的想象在布的经纬交织处，用彩色丝线从中心向四方挑绣出各种工整对称、色彩

和谐、形象逼真、寓意淳朴的图案纹样。瑶族挑花结实、耐磨，一般都装饰在服饰最易磨损的腰围、领口、袖口等处，在增强服饰实用的同时提升了美感。

瑶族服饰技艺是在长期的历史发展过程中逐步形成与发展的，它经历了历代经济生活与社会文化的严格筛选和淘汰，凝聚了历史上来自不同时期、不同类型的文化资源，沉淀了祖祖辈辈的文化信仰与美好愿望，最终成为瑶族文化体系中不可或缺的一环。但随着工业化和机械化生产的发展，机器印花代替了手工刺绣，化学染料代替了植物染料，过程复杂，工序繁多，耗时费力的瑶族服饰传统工艺逐渐被机器取代。同时，随着现代文化与时尚观念的传播，瑶族人民的生活方式与价值观念发生变化，加剧了传统服饰工艺的失传危机。几经洗礼、历经沧桑才传递至今的瑶族服饰工艺，是瑶族传统文化的瑰宝与精华，是瑶族和中华民族不可丢失的文化遗产。国家已经将瑶族服饰列入国家级非物质文化遗产名录，各级政府应当将保护与传承瑶族服饰技艺作为一项长期持续的工作目标，做好瑶族服饰技艺传承人的工作，鼓励他们在保留瑶族服饰技艺精髓的前提下适当融合现代化的生产工艺，保证瑶族服饰核心技艺的纯正性。

（二）挖掘瑶族服饰文化内涵，坚守瑶族文化精神内核

瑶族文化是中华民族珍贵的历史文化，积淀了悠久深厚的文化底蕴。民族服饰是民族的重要标志之一，是民族文化的重要载体，瑶族服饰有着自己独特明显的文化内涵。瑶族是典型的以农耕为主、狩猎采集为辅的山地民族，其村落大多位于海拔1000米左右的高山密林中，一般建在山顶、半山腰和山脚溪畔。南岭走廊地区的土地资源中可供耕种的优质土地面积极其有限，恶劣的自然环境使农作物产量普遍较低。加之历代封建统治阶级不断推行阶级压迫和民族压迫政策，瑶族先民为了生存，被迫迁徙，过着艰难的游耕生活。瑶族人民在长期辗转迁徙的过程中，除了要提升生产技术之外，还要有登高造山的能力。在古代先民的迁移过程中，瑶族传统服饰发挥了重要的作用和功能，帮助瑶族人民适应不同的环境。瑶族服饰包括上衣、裤子、裙子、腰带、绑腿、鞋子、头饰和配饰，其中上衣等衣服和头饰可以御寒、保暖和遮羞，也可以防止被野草刺破划伤；裤脚短而宽，适合在崎岖的山路上行走；绑腿可以避免被毒蛇咬伤，或者被滚石砸伤等。正是这样恶劣的自然环境养育了丰富的植物资源，为瑶族人民提供了传统服饰的制作条件，也使瑶族服饰技艺在五彩斑斓的服饰技艺里放射出引人夺目的光彩。

瑶族服饰多彩的传统纹样，不仅与所处的生态环境相关，而且与瑶族众多的文化习俗有关联。它既反映了民族的经济发展水平，也反映了人民复杂的社会意识，汇聚着深厚的民族文化积淀。瑶族宗教信仰复杂，为多神信仰。他们崇拜祖先"盘瓠"，而瑶族

的原始宗教主要崇拜雷王、风伯和雨师，也崇拜五谷灵娘（即五谷神）、山神、河神、树神、兽神和牛王等自然神。瑶族人民的宗教信仰常常反映在服饰的图案和装饰上，他们会在服饰上绘制宗教神灵、神话故事中的人物或象征性的图案，以表达他们的宗教崇拜和信仰。在进行宗教仪式或祭祀活动时，瑶族人民会穿着具有特定设计的瑶族服饰，佩戴有特定纹样的头饰、项链等，虔诚表达对神灵或祖先的尊敬。同样，瑶族人民在举办传统节日活动庆典时也非常注重自己的服饰。瑶族节日的形式和内容极其丰富，富有民族特色和地域风格。通过节日的庆祝活动，瑶族人民可以传承和展示他们的文化传统，他们会穿着代表性的传统服饰，展现出瑶族人民乐观淳朴的生活态度。瑶族传统服饰的诞生与发展是以瑶族人民所处的自然地理环境与人文环境为基础的，体现了瑶族人民的民族意识和民族尊严。应深入了解瑶族服饰技艺的制作工艺，考究瑶族服饰图案当中蕴含的人文历史文化和美好寓意，积极探索瑶族服饰背后的文化故事与内涵，深刻体会瑶族人民面对艰苦生存条件时表现出来的智慧和果敢，坚守瑶族文化精神内核，助力传统服饰成为瑶族文化传承的优秀载体。

二、设计助力开发文创产品

（一）立足瑶族服饰技艺，设计创意文创产品

瑶族服饰文化产生于原始的农耕时代，其主要作用是满足瑶族先民在恶劣生存环境下的生活需要，服饰设计也展现了瑶族先民的生活方式和生产习惯。现代社会高效率、大规模的生产环境与当时的环境天差地别，因此瑶族服饰技艺需要在坚守原真性的基础上进行创新和发展，在创新中谋求传统文化在现代的生机与活力。

文创产品是一类以文化为基础，融合创意和设计元素，具有独特价值和文化内涵的产品。在推广和传承传统文化、历史、艺术等方面发挥着重要作用。结合瑶族服饰的特点与技艺，进行文创产品设计是将瑶族服饰技艺留在现代，与时俱进的一条可行路径。瑶族服饰上的图案符号众多，传承人要在众多图案符号中选择具有代表性、易于创作、易于融入载体的图案符号，再将被选中的图案进行归类：一类图案本身就象征着瑶族人民的信仰与民俗传统，比如图腾符号代表着瑶族人民对于先祖的敬仰；另一类是日常生活中的图案，如植物、花卉、自然、动物等图案元素，代表着瑶族先民对美好生活的向往与追求。这两类文化素材可以运用到不同的文创产品中。"图腾符号"类纹样极具瑶族风情，可以在设计现代化服装和配饰的时候加以考虑与融合，在制作衣服、围巾等

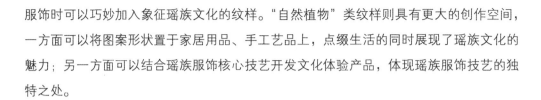

服饰时可以巧妙加入象征瑶族文化的纹样。"自然植物"类纹样则具有更大的创作空间，一方面可以将图案形状置于家居用品、手工艺品上，点缀生活的同时展现了瑶族文化的魅力；另一方面可以结合瑶族服饰核心技艺开发文化体验产品，体现瑶族服饰技艺的独特之处。

（二）开展市场调研，明确客户需求

瑶族人民居住地较为分散，而各个地区的地理环境差异较大，地域差异造成的封闭性也催生了种类繁多、风格各异的瑶族服饰。根据相关资料记载，各地瑶族传统服饰的种类多达100多种。现阶段，随着我国经济水平的提高，瑶族人民的生活不再闭塞，与外界的沟通交流也逐渐频繁，这也为瑶族传统服饰的传承与发展带来了积极影响。瑶族文创产品是以瑶族传统服饰为依托进行创作的，因此在传承瑶族传统文化的同时，产品的经济效益是不可缺失的。

开展市场调研，明确消费者对瑶族服饰种类的偏好至关重要。首先，相关负责人可以从社会各界招募对市场情形、消费者需求有一定了解的专业人士组成考察团，初步确定可用于制作文创产品的服饰技艺以及文创产品的类型。其次，根据考察团给出的建议制作少量产品投入市场，观察消费者动态，积极与消费者沟通交流，以便更好地明确产品定位。充分的市场调研能够为瑶族服饰文创产品的创新提供实质性的指导，帮助文创产品负责了解消费者的需求，避免开发出不受欢迎或者不符合市场需求的产品，助力将文创产品精准投放到正确的市场，努力打造瑶族文化产业品牌。同时，充分的市场调研能够让后期制作的文创产品更好地满足消费者需求，为瑶族文化的可持续发展与传承提供可能。

（三）招纳设计人才，进行产品创作

瑶族民间艺人是瑶族传统服饰技艺这一非物质文化遗产的重要传承人。在现代化的冲击下，传承人群体人数急剧减少，这对瑶族传统服饰技艺的保护与传承造成了极大的冲击与威胁。瑶族服饰技艺的传承与创新需要一大批优秀传承人的参与和协作。所以，国家和政府必须做好瑶族传统服饰技艺传承人的培养与保护工作。同时，各级政府要发挥作用，既要提升现有传承人的创作积极性，又要在充分调研与筛选的基础上，组建一批有创新能力的队伍，助力瑶族服饰在产品的研发创作中既富有民族性，又极具时代感。

创新型传承人在瑶族传统服饰技艺的传承工作中具有关键作用。他们首先要深入研

究瑶族传统服饰的历史、纹样符号以及它们背后的价值观，不断提取瑶族传统服饰中的文化基因。接着创新型传承人可以从现代不同领域的文化元素中寻找创作灵感，逐渐创造出既有市场价值又不失瑶族风情的产品。在创新的过程中，传承人要不断进行反思和改进，既要听取老一辈传承人的建议，保证瑶族服饰技艺的原汁原味；也要关注消费者情绪和市场反馈，始终保持开放的思维，确保瑶族文化得以活化和传承。

（四）推出联名产品，实现品牌互补

瑶族服饰联名产品是指通过与其他品牌或者设计师、艺术家等进行合作，将瑶族传统服饰中的元素融入产品，创造出独特时尚且富有瑶族文化内涵的产品。通过与知名品牌、设计师合作，瑶族服饰元素有机会进入不同的市场领域，吸引更多类型的消费者，实现市场的拓展，让更多人关注和了解瑶族服饰，提升其在市场中的知名度和认可度。同时，联名产品通常具有独特性，既能通过合作品牌的影响力为瑶族服饰文化的传承提供助力，拓宽瑶族文化传承路径，为瑶族服饰注入新的活力；又能为合作伙伴带来与瑶族文化相关的独特卖点，实现品牌叠加效应，强化其品牌形象，实现双方的互惠互利。

联名产品的设计要兼顾瑶族文化和联合品牌的特点，在融合瑶族传统元素时，要保证瑶族传统文化的原汁原味，保持文化的真实性，避免因过度拟合市场需求而出现过度改变或歪曲的情况。要寻找传承文化基因与现代创新元素的平衡，既要保证瑶族服饰技艺的传承与发展，又要符合时尚和创意的需求，确保产品整体的和谐感和视觉平衡，为消费者呈现出不同领域的创新碰撞。

第二节 文旅融合——互助式与交叉式相融合

中共中央办公厅、国务院办公厅印发的《关于进一步加强非物质文化遗产保护工作的意见》中阐明：非物质文化遗产是中华优秀传统文化的重要组成部分，是中华文明绵延传承的生动见证，是联结民族情感、维系国家统一的重要基础。保护好、传承好、利用好非物质文化遗产，对于延续历史文脉、坚定文化自信、推动文明交流互鉴、建设社会主义文化强国具有重要意义。非物质文化遗产是旅游业的优质资源，非物质文化遗产具有独特

性和多样性，具有极强的旅游开发价值。随着人们文化素养和审美观念的不断提升，游客期待获得有着文化深度的旅游体验。同样，旅游作为一种新的大众生活方式，为非物质文化遗产的传承提供了更多的实践机会和应用场景，是非物质文化遗产重要的文化传播渠道。文旅融合发展有着深厚基础和广阔前景，"非遗+旅游"已逐渐发展为常态，二者的融合不仅为非遗"活"起来开辟了新的路径，也为相关地区的文旅融合发展提供了强劲动力。瑶族传统服饰是我国的一项重要的非物质文化遗产，是中华优秀传统文化的重要组成部分。传承人要将瑶族传统服饰与瑶族其他非物质文化遗产有机结合，推动瑶族非物质文化遗产互助式发展，打造南岭走廊地区瑶族文化"非遗+旅游"发展模式，为大众提供更多丰富有趣的文化体验，提升瑶族文化的影响力和吸引力。

一、打造瑶族风情非遗文化圈

（一）依托瑶族传统村落，发展特色村寨产业

瑶族是我国华南地区一支历史悠久的山地游耕民族，其起源可追溯到几千年前的远古时期。在瑶族历史的发展长河中，由于生存压力、民族压迫以及社会动乱的影响，瑶族先民向中国南部地区不断迁徙，根据地形、水源等因素选择定居地，由此形成了支系众多的瑶族居民聚居地和文化圈。出于社会环境、自然环境与民族交流产生的差别，瑶族人民的聚居地逐渐发展为各具民族特色的村落。瑶族传统村落在空间规划、生态景观、传统建筑的营造过程中，都体现着独特的地域文化特色与文化底蕴。瑶族古村落作为我们国家极具特色的一种集非物质文化和物质文化于一体的文化实体样式，能够完整地反映瑶族从古至今流传下来的历史传统风貌、地方特色、民俗民风、人物风情，具有极高的文化保护价值和历史传承价值。这些村落是瑶族历史文化遗产的重要载体和重要的组成部分，是瑶族人民宗教信仰、生活方式以及生产实践等方面的具体表现。因此，依托瑶族传统村落，发展文化旅游和瑶族特色产业是一项重要而有前景的任务。

瑶族古村落文化是民族的宝贵遗产，也是不可再生的旅游资源。瑶族古村落的构成要素多样，包括历史遗迹、农业文化、建筑文化、人居文化、民俗文化、宗教文化等。开发瑶族传统村落旅游资源仅仅依靠当地瑶族群众的力量是远远不够的，国家和政府要为瑶族传统村落的文旅结合发展提供一套有效的科学指导机制和规范管理措施。政府要严格把关控制，避免个人或者企业盲目开发传统村落、破坏村落古建筑，防止旅游资源的不合理开发。与此同时，政府还要加强专业人才建设项目，培养专业人才投身瑶

族传统村落旅游业的规划与建设，为瑶族传统村落旅游项目的开发提供科学性、针对性的指导。此外，瑶族传统村落大多经济落后，交通不便，古建筑也缺乏科学完善的保护措施。所以，国家和政府要为瑶族特色村寨产业提供足够的资金支持，为瑶族文旅融合发展提供有力保障。一方面要改善瑶族村落的人居生活环境，支持瑶族居民进行住房改善，修缮老旧房屋。维修过程中要在专业人员的指导下进行，要尽量保持古村落的历史风貌，保留瑶族建筑的传统技艺，不随意增加或改变建筑的结构和外观。同时，要定期进行建筑的常规维护工作，检查建筑的结构和用料。另一方面要加强瑶族地区的基础设施建设，完善交通网络，开发旅游路线。瑶族地区山地连绵起伏，景观层次丰富，瑶族地区村寨旅游产业要结合瑶族得天独厚的自然景观与富有瑶族风情的人文景象，精心打造瑶族古村落的旅游项目，同时也要注重瑶族旅游品牌的培养与创新，发挥品牌效应对旅游业的拉动作用。

（二）整合瑶族非遗文化资源，打造特色旅游项目

文化与旅游融合发展，协同创新，不仅是传承非物质文化遗产的重要途径，也是旅游业的发展方向和必然趋势。特别是对于文化资源丰富的少数民族特色村寨而言，强化村寨文化与旅游资源的整合，推进旅游业和文化传承高效协同，不仅能够提升村寨的经济效益，也有利于拉动区域经济的更快发展。瑶族在长期的历史发展过程中形成了具有本民族特色的文化现象，包括服饰文化、饮食文化、节日文化、宗教文化、婚姻家庭文化等，留存下形式多样、内容丰富的非物质文化遗产。多元的文化资源是发展旅游的关键依托，国家和政府以及瑶族文化传承人要积极整合瑶族非遗文化资源，提出一套可行的并且囊括瑶族服饰技艺的旅游规划，提升传统文化资源的互助式传承，打造极具特色的瑶族风情非遗文化圈。

瑶族盘王节是国家级非物质文化遗产，也是瑶族最庄重的节日之一，是集瑶族传统文化大成的人文盛典。《岭外代答》中说：瑶人每岁十月，举峒祭都贝大王于庙前，会男女之无实家者，男女各群联袂而舞，谓之"踏瑶"，即"跳盘王"。瑶族盘王节便是源自农历十月十六日的盘王节歌会，作为全体瑶族人民祭祀先祖盘王的传统节日，瑶族人民精心打扮，身穿五颜六色的瑶族服饰，集中展现着瑶族人民创造的丰富完整的原生态文化。瑶族各地区庆祝盘王节的形式多种多样，一般都会设祭坛，供奉诸神像。祭祀开始，鸣火枪三响，接着鞭炮齐鸣。在鞭炮声中，族老寨老在神像前供奉猪头、糯米粑、鸡肉、酒等祭品，人们面对神像，低头默祷，表示敬仰、怀念。祭祀完毕后，瑶族人民便开始展示本民族的歌舞文化。《盘王歌》是在会歌堂形成的史诗，也是一部脍炙人口

的瑶族诗歌总集，它讲述了瑶族先祖盘王的一生，诗句洗练，曲率古雅而浑厚。盘王舞则以鼓锣伴奏，舞步动作健美、威武，再现了瑶族先民耕种狩猎、出征杀敌的英勇气概。在非物质文化遗产保护越来越受到社会各界关注的时代背景下，文化和旅游部门可以将瑶族传统节日盘王节作为瑶族地区的一个特色旅游品牌加以打造，借助瑶族传统节日，积极进行文化资源的整合，推出富有瑶族特色的旅游项目，打造具有瑶族风情的艺术文化圈。同时，定期举办瑶族非物质文化遗产展销大会，向游客推出瑶族特色美食、瑶族刺绣文创产品等，促进瑶族地区文旅融合产业的健康发展，提升瑶族文化传承活动的经济效益，保证传承活动的可持续发展。

二、加强非遗旅游文化的互动性与参与性

随着我国社会经济的持续稳定发展，消费升级和需求衍化已经成为新时代社会消费领域的显性问题。在旅游行业，传统的观光旅游已经难以满足旅游者日益多元化、个性化的消费需求。在国家文旅融合政策的推动下，"以文促旅，以旅兴文"已经成为重要的指导思想和发展路径，"非遗＋旅游"逐渐成为各地文旅融合发展的新方式。各地文化与旅游行政部门要紧跟政策指引，把握时代机遇，深刻认识到非物质文化遗产与旅游深度融合发展的意义，综合考虑非物质文化遗产的特色特点以及旅游消费者的需求，推进瑶族非物质文化遗产的创造性转化和创新性发展，以多样态、深层次的旅游形式加强旅客在非遗文化旅游过程中的互动性和参与性，在更大程度上丰富旅行途中的体验感。

（一）培育优秀导游，提升游客旅行体验感

在旅游活动中，导游人员的职责是向旅行者介绍景区优美的自然风光和人文建筑以及当地多姿多彩的社会生活和别样的文化习俗。不同于景区的宣传牌或者纸质宣传手册，导游的讲解一方面能够提升游客的旅行体验，另一方面也助力了景区的历史文化和人文资源的宣传和弘扬。导游讲解是旅游景区的名片，是拉近游客与景区距离的桥梁和纽带。瑶族非物质文化遗产源自先辈的生产与生活，记录了瑶族先民的生产生活方式、宗教信仰、风土人情以及文化理念等，蕴含着具有民族性、地域性的文化基因。导游作为瑶族文化的传递者，不仅肩负着将瑶族非物质文化遗产的发展历史以及文化内涵传递给外来游客的使命，并且要具备为游客进行专业的解读的能力，引导游客欣赏、尊重、认同和传播极具瑶族风情的传统文化。并且随着大众旅游经验的增加以及人们对美好生活的普遍向往，旅游需求呈现多元化、专业化的特征。导游的职责不再是传统的提供向

导、讲解或是相关旅游服务的向导和地接导游，而是需要转变为适应时代变化和符合消费者需求的旅游综合管家。因此，在推动瑶族文化与旅游融合发展的过程中，要将瑶族非物质文化遗产的内容纳入旅游行业培训范围，为瑶族导游深入了解瑶族地区的历史传统、民风民俗、传统技艺提供路径和渠道，提高导游在游客旅行过程中合理利用和传播非物质文化遗产的意识和能力。

（二）设立瑶族服饰体验工坊，鼓励游客参与服饰制作

瑶族服饰在漫长的生产过程中形成的独特的制作材料和工艺流程，是瑶族服饰技艺的核心，承载着瑶族人民的智慧和创造力。国家和政府可以鼓励瑶族服饰文化的传承人在瑶族文化旅游景区或者瑶族居民聚居的地方开设瑶族服饰体验工坊，为瑶族地区的文旅融合发展开辟新的路径。瑶族服饰技艺传承人在开设体验工坊前，要大量走访瑶族传统村落，向老一辈传承人学习瑶族多个支系的服饰技艺，在一定程度上保证体验工坊服饰展品的丰富性和完整性。传承人要鼓励掌握传统服饰技艺的瑶族居民参与服饰技艺的传承与保护工作，共同探索瑶族服饰技艺传承与发展的道路，共同打造一个既充满瑶族风情又富有现代气息的体验工坊。瑶族服饰体验工坊的设立为游客亲身参与瑶族服饰制作过程提供了材料和场所，也为他们提供了与瑶族服饰技艺传承人交流互动的机会。体验工坊可以根据游客的特点和需求提供多样化的体验项目，为他们安排不同的教学师傅，丰富他们的旅行体验。同时，瑶族服饰体验工坊还可以利用自身的文化资源，助力全国各地中小学生的非遗游学活动的开展以及高等院校瑶族非遗文化课程的开设，在提升工坊经济效益的同时拉动社会效益的提升。瑶族服饰体验工坊不仅为瑶族服饰技艺的传播提供了更具活力的路径，同时也为瑶族地区文旅融合产业的发展增添了新的亮点，对文化传承思路的转化与推进文化传承创新有着至关重要的作用，有利于瑶族地区文化旅游业的持续健康发展。

（三）打造瑶族非遗文化产业集群，营造多元旅游环境

对于旅游行业和文化产业来说，文旅融合发展能够为彼此开拓更新更大的市场。旅游目的地因受社会环境、文化背景以及自然资源等的影响而存在差异，因此，各地在推行"非遗＋旅游"模式的政策时，要积极整合当地的非物质文化资源，综合考虑地域发展状况，探索一条适宜的文化旅游融合模式。南岭走廊瑶族分布地区属亚热带雨林气候区，溪流密布，风景优美，气候宜人，有着丰富的物产资源。瑶族先民依靠山区丰富的物产资源以及自己的聪明智慧创造出精彩纷呈的民族文化，因此瑶族文旅融合发展不应

该单纯将当地自然环境和民族文化景观加以整合，以静态观赏的形式或者简单的歌舞形式展示给游客。

国家和政府要加强对瑶族非物质文化遗产的深入挖掘，对瑶族不同支系的生活习俗、生产观念等民俗文化进行深度解读，对不同支系的服装色彩搭配与传统技艺进行深度研究，积极整合瑶族文化资源，推动瑶族文化旅游业动态发展。同时，当地政府要打造瑶族文旅融合文化品牌，借助品牌优势，打造完整的瑶族文旅融合产业链条，发展瑶族非遗文化产业集群，促进瑶族旅游产业和文化产业的融合深入发展。

第三节　整合营销——数字化与可持续相结合

整合营销理论是20世纪90年代美国学者唐·舒尔茨提出的，在信息泛滥与超载的环境下，将各种营销传播手段与信息整合到一起，向消费者传递出清晰的概念与形象。运用整合营销方式，通过不同的媒介渠道传播品牌声音，实现品牌的高效宣传、推广以及销售。网络经济高速发展的今天，仅仅依靠传统单一的线下营销模式会阻碍非物质文化遗产的市场化转化，导致非遗文化传承活动经济效益低下，威胁非物质文化资源在现代社会的可持续发展。因此，非遗产业必须顺应时代发展潮流，充分运用电商平台线上和线下相结合的互联网市场营销理念，打造新的产品体系，拓宽非遗产品的销售渠道，为消费者的需求提供专业的建议和个性化的服务，逐步提升非物质文化遗产的市场竞争力。同时，要充分利用网络资源，搜集和整理消费者诉求，根据消费者的反馈完善自身产品的设计、制作以及销售策略，不断提升非遗产品的口碑，打造非物质文化遗产的品牌形象。

一、开发融媒体技术的线上销售渠道

（一）联合成熟电商平台，开通线上销售平台

当下，网络营销是销售传统手工技艺类文化遗产较为理想的渠道之一。我国电商平

台在过去几十年取得了迅速发展，成为全球最大的电子商务市场之一。同时，随着智能手机以及移动支付的普及，移动购物也成为人们主要的购物方式。瑶族服饰技艺传承人可以与国内成熟的电商平台如淘宝、京东、拼多多等进行合作，依托这些平台为瑶族传统服饰和瑶族文化创意产品开通线上销售渠道，建立官方认证店铺。同时，电商平台要大力支持瑶族非物质文化遗产产品的入驻，利用平台资源推广瑶族服饰以及文创产品，向全国乃至全球的消费者展示丰富多样的瑶族非物质文化遗产资源，助力瑶族文化产品线上销售渠道的顺利开展。

线上销售渠道推出后，传承人团队还需要进行一系列的工作，维护瑶族服饰线上销售渠道的顺利运营。

首先，要聘请专业技术人员在综合考虑用户体验和瑶族服饰品牌价值的前提下精心设计店铺或者官网的销售界面。要设计清晰的导航菜单，明确展示产品分类，使消费者能够快速搜索到自己所需要的产品界面。同时，店铺界面的设计要结合瑶族文化特点展示出瑶族服饰的品牌标识，强化瑶族服饰在消费者心中的品牌形象。

其次，对于借助电商平台进行销售的产品，传承人应当拍摄高清图片或者视频展示瑶族服饰或其他文创产品的细节和特点，这一方面能够让消费者了解瑶族服饰的制作材料与工艺，为消费者更好地了解产品提供便利，另一方面能够借助图文或者视频的方式讲述瑶族服饰的历史底蕴和文化内涵，助力文化的传承。瑶族服饰的线上销售要结合自身的经营状况积极配合电商平台推出的促销活动，为消费者提供价格折扣。此外，瑶族服饰品牌店铺也可以立足本民族的重要传统节日，灵活调整优惠活动的时间与力度。

再次，瑶族服饰线上销售渠道要完善消费者服务体系，开通在线聊天、客服热线等服务以确保消费者的需求能够得到及时的反馈。要聘请专业人员作为客服为消费者提供关于瑶族服饰产品特性、用途、材质等方面的专业讲解，为消费者提供个性化的推荐和建议。同时，面对顾客的不同需求，店铺可以为消费者提供定制化服务。设计师可以根据消费者的要求，在保证瑶族传统技艺原汁原味的前提下进行原创非遗产品的设计与制作，促进瑶族服饰技艺的创新发展并提升品牌价值。此外，还要建立完善的消费者反馈机制，为消费者提供优质的售后服务。鼓励消费者对于瑶族服饰产品进行评价和评论，立足消费者的反馈意见进行店铺服务、在销产品的改进、升级以及更新。

最后，结合电商平台提供的浏览数据和产品销售情况建立店铺销售数据档案库，并运用电商平台提供的数据分析工具生成销售数据报告展示销售情况和效果。基于此，传承人可以分析瑶族服饰产品的销售路径，预测产品的销售趋势，及时调整和优化销售策略，将更多的资源投放到广受欢迎的产品上。同时借助消费者的互动和购买数据，传承人还可以了解到消费者购买偏好，进而精准识别瑶族服饰产品的目标受众，明确产品的定位和开发方向。

开通瑶族服饰线上销售渠道为瑶族非物质文化遗产在全国乃至全世界范围的传承与推广提供了可能。线上销售不仅为非物质文化遗产提供了更广阔的销售平台，提升了瑶族服饰技艺为瑶族非遗传承人带来的经济效益，也为非物质文化遗产的传承与创新发展提供了更大的窗口，有助于瑶族非物质文化遗产在新时代发挥自己的独特光芒。

（二）开拓物流专线，助力市场发展

物流是瑶族服饰线上销售渠道中的关键一环，瑶族服饰线上销售渠道的开展离不开物流的辅助。瑶族服饰技艺是瑶族非物质文化遗产的重要组成部分，瑶族服饰及文创产品不仅是商品，更是瑶族文化的代表。保证产品品质是传承技艺的核心，物流专线的开通为购销双方都提供了支持和保障。同时，开通瑶族物流专线服务能够提高产品的运输效率，减少运输时间和成本，使产品能够更快地投入市场。物流公司要积极响应国家的政策号召，为瑶族地区非物质文化产业的发展提供助力，借助公司丰富的配送经验和物流数据推动线上销售过程中物流管理和监管水平的提升，优化瑶族服饰产品线上供应链，并结合瑶族服饰产品的特色开拓独具瑶族风情的物流专线，为瑶族服饰的线上销售渠道的发展提供专业化支持。

南岭走廊是中国重要的民族走廊之一，作为连接西南地和南方沿海地区的重要通道，也作为中国面向世界开放的一个交通枢纽，其物流业的发展有着巨大的潜力。瑶族服饰网上销售渠道负责人要积极开展与物流行业的交流合作，在南岭走廊地区选择合适的节点，建立物流枢纽或者园区，集中瑶族非遗产品物流资源成立集散中心，促进物流效率的提升。同时，随着全球化的深入发展，国际贸易以及国际物流需求不断增加。南岭走廊地区地理位置独特，连接了我国南方和东南亚等国，是发展跨界物流和国际贸易的重要通道。国家和政府要鼓励和支持南岭走廊地区与周边国家建立经济合作区，促进瑶族非遗产品以及其他产业的贸易合作和投资交流，为南岭走廊地区经济的发展开拓更广袤的市场。

（三）创作个性化内容，推动"非遗+数字化"发展

日新月异的数字化技术为非物质文化遗产的传承和发展带来了前所未有的机遇，促进我国非物质文化遗产的数字化传播是适应数字化时代发展的必然选择，推动"非遗+数字化"发展对于强化非遗创意开发、助力非遗活态化传播、提升非遗传播能效有着积极而重要的意义。我国非遗数字化发展的整体进程较为滞后，可用作数字化传播的内容

较少，形式较为单一，国家和政府要鼓励非物质文化遗产的传承人改变传统思维模式，学习并接受数字化时代下演变的文化传播新方式、新路径，调动他们的积极性、主动性和创造性，为本民族非遗文化的数字化传播提供更多更精彩的个性化内容。同时，相关部门可以引进专业技术人员，结合非遗文化特点，促进"非遗＋数字化"的更快更好融合，打造更具影响力的非物质文化遗产数字化传播团队。

传统的瑶族服饰选用天然材料，如棉、麻等，配合传统的纺织、染色、刺绣等工艺进行手工制作，通常需要较长的时间才能完成一套完整服装的制作。加之瑶族支系众多，服饰种类多样，很难要求传承人在短时间内搜集与复原所有支系的服饰。而"非遗＋数字化"的融合发展可以借助虚拟现实（VR）或者增强现实（AR）技术，创造虚拟的瑶族服饰展览空间，让消费者有机会在线上体验多种风格的瑶族传统服饰，既增强了消费者的体验感和互动性，又为瑶族服饰传承活动提供了便利。此外，瑶族服饰技艺传承人还要积极借助当前主流的新媒体平台如微博、小红书、抖音、B站等以发布短视频或以直播带货的形式宣传推广非遗产品，促进瑶族非物质文化遗产资源的价值转化和市场拓展。

二、优化传统的线下销售模式

传统的线下销售模式是瑶族非物质文化传承与发展的重要渠道，能在很大程度上为线上销售渠道提供补充作用。线下实体店的存在为顾客提供了近距离感受瑶族服饰的机会，他们可以亲自触摸、试穿瑶族服饰，亲身感受瑶族文化氛围。同时，传统的线下销售模式与顾客建立了更加紧密的互动和联系，有助于瑶族服饰品牌形象的建立，助力瑶族文化产业的持续健康发展。因此，瑶族服饰技艺传承人应优化瑶族非遗产品传统的线下销售模式，使之与线上销售线上渠道相互配合，共同打造瑶族非遗产品的品牌影响力，实现瑶族非物质文化遗产的可持续发展。

（一）细分目标市场，实现精准营销

瑶族文化产业面对的消费者群体是多样的，不同的消费者群体有着不同的购买动机和消费需求。瑶族服饰传承人可以借助以往的销售数据细分目标市场。针对不同的消费者群体，精准定位产品，制定相应的销售策略和推广活动，优化传统的线下销售模式。因此，传承人要参考可能的消费动机，对瑶族服饰产品的市场进行细分。

瑶族服饰的产品定位可能涵盖以下四个方面。

一是最具瑶族服饰技艺代表性的服装。对于博物馆、艺术馆以及瑶族非物质文化遗

产的收藏爱好者这类消费者而言，他们在瑶族非物质文化遗产的传承和保护方面发挥着重要作用。譬如博物馆为公众提供了一个学习瑶族文化和历史的场所，通过展览、展品解说和教育活动，增强了参观者对瑶族历史文化的认识和了解，为瑶族传统文化在现代社会的传承发展开辟了重要途径。因此这类消费者可能倾向于购买纯手工制作的瑶族服饰盛装、纹样饰品、刺绣作品等，以及有关瑶族服饰的艺术书籍、画册、展览目录等。线下销售渠道要为这类消费者提供定制化的服务，根据消费者的需求制作出最具瑶族服饰技艺代表性的盛装。

二是最具瑶族民风民俗代表性的盛装。瑶族传统节日的形式和内容较为丰富，极具民族特色和地域风格。瑶族人民在开展自己民族的传统活动时会换上为节日而定做的盛装，表达对节日活动的重视以及他们的喜悦之情。此外，瑶族人民也很重视红白习俗。瑶族人民的婚嫁服饰非常丰富，新娘和新郎通常会穿上鲜艳华丽的瑶族婚礼服饰；瑶族的丧葬礼仪也有传统服饰要求，譬如白裤瑶人去世后一定要穿着瑶族的传统服饰，盛装入殓，表达对生命的敬畏和尊重。无论是传统节日活动的举办还是红白习俗的要求，都涉及瑶族传统服饰的穿着与使用，这为瑶族服饰开辟了一个独特的市场。

三是日常穿戴型服装。瑶族人民日常穿戴的服饰在设计和风格上较为朴素，适合日常生活和劳作，以实用性为主要需求。尽管现代服饰的发展冲击了瑶族服饰市场，但瑶族地区许多居民还有着穿传统服饰的习惯。在物质水平生活逐渐提高的今天，他们会选择购买制作工艺复杂但能够象征他们生活方式和文化传统的服饰。为满足这一类消费者的需求，瑶族服饰传承人要将传统服饰技艺与现代工艺相结合，打造出一批既有瑶族传统特色又符合现代审美的服装款式。

四是手工艺品或纪念品等文创型产品。随着瑶族地区文化产业和旅游业的融合发展，越来越多的游客走进瑶族地区感受瑶族风情。作为瑶族人民重要的非物质文化遗产，传承人可以立足瑶族传统服饰，融合瑶族其他文化元素，设计具有创新性和纪念价值的文创产品或者纪念品，同时选择在瑶族旅游风景区客流量较大的地方设立文化展示区或文创产品店铺，进一步丰富瑶族服饰技艺的市场多样性。

细分瑶族服饰的目标市场，找准消费者群体可以帮助瑶族服饰线下销售渠道找准方向，促使瑶族服饰的营销活动更加精准，减少资源的浪费。对于消费者而言，精准营销可以更好地满足他们的需求和偏好，提高购买的可能性。

（二）优化销售模式，采取多样化销售策略

传统的线下销售模式受限于店铺的地理位置，只能覆盖有限的地域范围，维持相对

固定的消费者，很难发掘潜在的消费群体。同时，传统的线下销售模式难以实现即时信息的更新，无法迅速响应市场的变化。因此，瑶族服饰产品的线下销售方式可以采取多样化的策略，以更灵活的方式满足不同消费者的需求。

首先，瑶族服饰线下实体店要重视店面装修，提升店铺的服务水平。店面装修是展示瑶族服饰文化的重要窗口，要结合瑶族服饰的产品特点和品牌形象使用瑶族传统文化元素进行装饰，也要合理优化店铺商品的布局，要将瑶族服饰产品陈列在店里合适的位置，为它们设立产品宣传板或者展示册，详细介绍每款服饰的制作材料与工艺等信息。相比于线上销售渠道，线下销售的优势在于能为消费者带来更直接的购物体验，店铺要为消费者提供专业的指导与试穿服务，帮助消费者做出购买决策。同时，线下店铺也要及时跟进消费者，定期搜集他们的反馈意见，了解他们需求和意愿，不断调整与改进线下销售流程与服务质量。

其次，瑶族服饰线下销售要调整以往依靠顾客进入店铺进行购买的传统经营模式，积极拓展让产品走出去的销售模式。集市作为传统的商业活动形式，通常聚集了大量的参观者和购物者，是展示和销售瑶族服饰产品的一个有效途径。传承人要提前了解店铺当地或附近地区集市活动的时间、地点以及规模等情况，根据集市的受众和特点确认需要进行展示和销售的瑶族服饰产品的款式、库存等信息。集市销售负责人在集市开始前要精心设计摊位，运用瑶族传统元素进行装饰，吸引更多顾客驻足。负责人要积极与顾客互动交流，为顾客提供专业的解答与建议，帮助他们更好地做出购买决策。此外，展会作为一种集中展示交流的商业活动，吸引了大批相关行业的专业人士和对非物质文化遗产感兴趣的顾客，有助于更有针对性地进行瑶族服饰产品的宣传与推广。

再次，教育行业为瑶族服饰线下销售模式的优化提供了重要平台。学校是知识传播的重要场所，瑶族服饰传承人要积极走进学校，为学生策划并提供与瑶族非物质文化遗产相关的研学活动，在学校开设瑶族服饰的主题讲座和体验坊，邀请专家讲解传统服饰的制作工艺和文化内涵，鼓励学生亲自参与制作，助力瑶族文化融入学校的文化教育活动。瑶族文化传承人还可以与学校达成长期合作，为学校的文艺演出活动设计专属服饰。同时，还可以结合学校特色与瑶族服饰元素定制纪念品，如文化衫、书包等，为瑶族服饰产品的线下销售开拓广阔市场。总之，通过与教育行业的合作，既可以将瑶族服饰融入学校的教育活动，增强青年一代对瑶族非物质文化遗产的认识和理解，又可以优化瑶族服饰产品的线下销售渠道，为瑶族服饰产品的可持续发展提供稳定的渠道，有助于文化传承和市场推广实现双赢。

最后，瑶族服饰产品的线上和线下销售模式不应该是孤立存在的，而是要互相协调和支持，共同提升瑶族服饰产品的宣传与推广，助力瑶族传统服饰技艺在现代社会的可持续发展。

（三）创新商店布局与空间设计

传统的线下销售模式在如今竞争激烈的市场环境中，需要通过创新的商店布局与空间设计来吸引客户、提高他们的购物体验，并提升销售效能。

首先，传统的线下销售模式需要更多地关注客户体验。客户来到实体店铺不仅仅是为了购买产品，他们也寻求购物的愉悦感和体验。因此，商店布局和空间设计应该旨在创造一个吸引人且舒适的环境，让客户享受购物的过程。同时，商店的布局和设计也应该与目标市场建立情感共鸣。不同的产品类型和目标客户群体可能需要不同的设计元素。例如，豪华品牌可能采用精致和高端的设计，而年轻消费者可能更喜欢时尚和创新的设计。还可以利用技术和互动元素，商店可以增加客户的参与度。例如，提供互动展示、虚拟试衣间、数字屏幕等，可以吸引客户与产品互动，提高购买决策的参与度。

其次，商店布局和空间设计可以优化店内空间的利用，使其更吸引人和高效。合理的货架安排、流畅的购物路径、明亮的照明、清晰的标识等，可以帮助客户更轻松地找到他们需要的产品，减少混乱和拥挤，提高购物效率。创新的商店布局可以将实体店铺转变为多功能空间。除了销售产品，商店还可以用于举办活动、展览、工作坊等。这样可以吸引更多的客户，增加客流量。同时，商店布局和空间设计也可以定制化，以满足不同客户的需求。例如，一些店铺可以提供个性化定制的服务，根据客户的喜好和需求来布置空间。

总之，通过创新的商店布局与空间设计，企业可以提供独特的购物体验，吸引客户、提高客户满意度，以及提升销售效能。这有助于优化传统的线下销售模式，将线下店铺变成吸引客户和建立品牌忠诚度的目的地。

附　录

附表1　儿童帽

图片	名称	阐述
来宾市金秀瑶族自治县瑶族博物馆藏	茶山瑶男童帽	茶山瑶男童帽的设计极具立体感，正中间会插有3~9根银条，帽顶的周围缀有小银牌，既是富贵的象征，也有辟邪消灾、祈求平安健康之意。银牌底端的装饰色为金色，帽檐处均匀分布着金色小圆点排列的线段，帽底部与顶端一样都缀有小银牌
来宾市金秀瑶族自治县瑶族博物馆藏	茶山瑶女童帽	与男童帽相比，茶山瑶女童帽的装饰简洁，整体上有落落大方的美感，但由于装饰较少，所以多了平淡、质朴的气息。采用特殊材料做成帽子的雏形，然后将需要的布帕围在童帽雏形的外部，在帽子顶端的外部竖向固定一根宽、长适宜的木条，木条用布包裹，再将事先准备好的四根银条从木条下横向穿过，调整银条左右两边超出帽檐的长度，使左右两边等长，最后在帽子底部的合适位置缀上装饰物，茶山瑶女童帽即制作完成
来宾市金秀瑶族自治县瑶族博物馆藏	云南排瑶儿童帽	大多数人第一眼看到云南排瑶的儿童帽，总有一种帽子很容易从头上脱落的错觉，实际上排瑶儿童帽的下周周长是由佩戴者的头围决定的。云南排瑶儿童帽的帽长较短，只及额头三分之一处，帽上的装饰物是铃铛，这样儿童走动的时候，就会发出响声以便家里的长辈发现孩童的去向。装饰物也较短，刚好与帽底端齐平
来宾市金秀瑶族自治县瑶族博物馆藏	花蓝瑶女童帽	花蓝瑶女童帽除帽顶橙色的线穗装饰外，无其他装饰，帽身短，由橙色花布制成，花布上有方格条纹，帽长至耳后，底部有包边，整体颜色和上衣的衣领颜色对应，形状上小下大，顶部有褶皱

图片	名称	阐述
来宾市金秀瑶族自治县瑶族博物馆藏	连南排瑶女童帽	连南排瑶女童帽的帽身较大，形状和现代女性的贝雷帽一样，制帽的红布底部有黑白相间的包边，且有花朵形状的褶皱。佩戴时要将帽子沿着后脑勺的方向向下扯，这样才能保证帽子不遮住眼睛。佩戴这种帽子时，耳朵也是藏在帽子里面的。除此之外，靠近左右耳朵的部位一边挂了一个银质圆圈，圆圈下挂有三个银铃铛
来宾市金秀瑶族自治县瑶族博物馆藏	盘瑶女童帽	盘瑶女童帽下系一根红色的绳子，用于固定帽子，防止帽子在跑动时，或者起风时脱落，绳子的两端绑在帽底部靠近耳朵的地方，帽上的装饰比较简单。帽顶是红色的毛线绒球，帽身是绣有多种图案的织锦或者布帕，两边有和帽顶一样材质的长绒球装饰。帽上的颜色多样，以红色为主，黄色、白色、绿色、橙色都是装饰的图纹的颜色
来宾市金秀瑶族自治县瑶族博物馆藏	山子瑶男童帽	山子瑶男童帽的帽身由花边条纹和红条布带间隔排列装饰，头顶均匀排列着五个红线穗，每个线穗的顶部用银片包裹，一方面是对线穗的形状和位置具有固定作用，另一方面起着装饰效果，线穗也会随着孩童的行动而一齐有节奏地摇摆
来宾市金秀瑶族自治县瑶族博物馆藏	山子瑶女童帽	山子瑶女童帽和男童帽的区别在于帽顶五个线穗的排列方式不同，男童帽的线穗分布在帽的四周、外围，而女童帽的线穗朝帽前分布，还特别将中间的三个线穗捆绑在了一起，让其朝着帽前弯曲，行动时，线穗呈上下运动，也有左右运动，但幅度不大
来宾市金秀瑶族自治县瑶族博物馆藏	云南绿春蓝靛瑶男童帽	云南绿春蓝靛瑶男童帽颜色从上至下依次是黑色、纯白色、红色、银色、红色，底部有包边，挂有固定帽子位置的脖绳，脖绳上串满了各种颜色的珠子，帽檐的耳后位置有一个绿、红、黄三色相间的绒球。帽顶装饰有粉红色、红色的线段

图片	名称	阐述
来宾市金秀瑶族自治县瑶族博物馆藏	云南绿春蓝靛瑶女童帽	绿春蓝靛瑶女童帽的帽身颜色比男童帽淡雅，但装饰更浮夸，装饰物的颜色从左至右依次是红色、黄色、粉红色、绿色、浅蓝色、红色、黄色，都是若干毛线段组成的绒球，柔软蓬松。帽前有三个大圆圈银币覆盖在上面，有驱鬼的寓意在里面。帽子的周身都有条纹
来宾市金秀瑶族自治县赵凤香工作室藏	金秀坳瑶女童帽	金秀坳瑶女童帽的帽高约15厘米，帽檐花边高约5.5厘米，整体的手感和材质比较坚硬，上端是奶白色，在前面正中心位置有一个不规则的半圆，不规则半圆中有一个稻穗图案。下端在奶白色的帽布上缝贴了一个红布块，红布块上有龙纹、花纹及一些其他纹样图案。后端有倒三角，连接帽子左右两边的针脚和针线在后端都清晰可见
来宾市金秀瑶族自治县赵凤香工作室藏	金秀坳瑶男童帽	金秀坳瑶男童帽边缘周长约68厘米，直径约22.5厘米，无帽顶，整体是一个大圆圈，注重整洁美观，帽两端固定着四个由红线制成的挂缀，左右两边一边各两个。每个挂缀都由若干红线段集合在一起构成，顶部都缠绕着金黄色的丝线。帽檐上的图案颜色比较鲜艳，是花纹和波浪纹的连接，波浪纹上有红色和蓝色丝线绣制的太阳，红色丝线部分代表太阳散发的光芒
来宾市金秀瑶族自治县瑶族博物馆藏	龙胜红瑶少女帽	红瑶女子十八岁成年时会剪一次头发作为成年礼，一生只剪一次发，平时梳发掉落的头发也都会保存起来，头发就是当地人长命与富贵的象征。红瑶少女平时都盘发，盘完发后再盘一块头帕在头发上，由于盘好的头发可以对头帕起固定作用，所以红瑶少女帽无须针线缝制成特定的形状，头帕从后往前围，在前额处打结
贺州学院民族文化博物馆藏	瑶族儿童虎头帽	虎头帽是瑶族妇女们专门为儿童制作的帽子，结构简单，由帽圈加中心的贴布构成，贴布上的图纹多有驱除邪祟、喜乐安康的寓意

附表2 女帽

图片	名称	阐述
来宾市金秀瑶族自治县 赵凤香工作室藏	广西金秀县茶山瑶女帽	广西金秀瑶族自治县的茶山瑶女帽分上、下两个部分，下面的部分是挖空一圆柱形木头中心形成的空心帽，空心帽的后面横放着一根长度适中、粗细合适的木杆或者竹条，帽顶上装了一块木片，三块半圆状、长45厘米的银片从木片下穿过，弯弯的银片弧度与古老的屋檐特别相像，空心帽的边缘缠绕着一块长方形花帕，花帕的两个末端连缀着若干深红色的长条吊缀，形似凤凰尾，高贵典雅，长条吊缀的顶端有金箔聚拢
来宾市金秀瑶族自治县 瑶族博物馆藏	临桂盘瑶女嫁妆帽	临桂盘瑶的女嫁妆帽整体颜色神秘厚重，呈两端大、中间小的葫芦形状，极具古老气息，周身都是深黑色，帽长较长，帽后及颈，有若干股红绳捆绑在中间位置，捆绑并不是从红绳的起始位置开始缠绕，也不是在红绳的末端结束缠绕，而是在红绳的两端预留一定的长度垂在帽子的两端
来宾市金秀瑶族自治县 瑶族博物馆藏	金秀县金秀镇罗孟村瑶族女帽	金秀镇罗孟村的瑶族女帽以紫红色为主色调，由两个部分组成，里面的部分是由紫红色绣花带做成的顶板帽，顶端塞有木块或布块支撑帽顶的梯形形状，绣花带的边缘有黑色包边。外面的部分是一块薄白布，白布的边角处挂有银圈，边缘处是折叠包边
来宾市金秀瑶族自治县 瑶族博物馆藏	云南勐腊县顶板瑶女帽	花布缠头是云南勐腊顶板瑶重要的帽饰文化，先将花布一圈一圈缠绕在头上并将花布的末端塞进已经缠绕好的花布里面，然后将几根布带缠在花布帽的外面，左前方的布带固定在帽顶，最后在右方的布带上挂上红绳，红绳刚好垂至上衣肩膀处
来宾市金秀瑶族自治县 瑶族博物馆藏	云南富宁大板瑶女帽	云南富宁大板瑶女帽整体上的形状像一个三棱锥，帽上有红色、白色、绿色等色，外围覆盖着红花布，花布上有三角形纹、方形纹、树叶纹等多种纹样。帽内空间比头部空间大得多，头部空间以外的地方都有黑色头帕层层堆积填充，黑头帕部分有红布条包边

8

附　录

续表

图片	名称	阐述
来宾市金秀瑶族自治县瑶族博物馆藏	云南富宁山瑶女帽	云南富宁山瑶的女帽色彩单一，只有青黑色。款式设计简单，帽身无任何图纹、挂缀装饰，也无包边，但左右两端帽耳处不等长，右短左长
来宾市金秀瑶族自治县瑶族博物馆藏	云南富宁蓝靛瑶女帽	富宁蓝靛瑶女帽的主体颜色是黑色，横截面是一个扇形，前额部分的布朝后折，额头两边的布分别向左、右两边撑开，帽前有黄色的布条包边，包边的顶部又缝纫了一段蓝色布条。向后折的布使用针线与帽身粘连，从帽正面可看到帽后的帽尾
来宾市金秀瑶族自治县瑶族博物馆藏	云南河口红头瑶女帽	多块花布交叉缠头是河口红头瑶帽饰文化的特色，河口红头瑶的女帽有粗犷之气，帽的周身颜色依据花布缠绕的顺序有不同的效果。图中女帽的外层除左边呈现花布颜色外，其他地方为黑色，佩戴时，花布一块一块缠绕在头上，当缠的层数足够多时，帽子达到一定厚度，还想继续缠就需要借助他人的帮助
来宾市金秀瑶族自治县瑶族博物馆藏	云南金平包头瑶女帽	金平包头瑶女帽的颜色比较淡雅，顶部是一个小圆头，下面连接一块方形黑布，黑布的上面固定在圆头上。方形黑布的下端固定两根绑带，佩戴时，绑带在脖子前打结，方形黑布的下端垂有布穗
来宾市金秀瑶族自治县瑶族博物馆藏	云南金平沙瑶女帽	金平沙瑶女帽的整体使用了大量的纱线，不仅帽身是由纱线制作，帽顶及帽后、帽前的装饰也是由纱线绒球构成。挂有银链、银钱、银条等装饰物，重量较重，视觉冲击感强。由于红色的大量运用，鲜艳之中又沉淀着端庄大气和喜庆
来宾市金秀瑶族自治县瑶族博物馆藏	云南金平红头瑶女帽	金平红头瑶以女子头上佩戴一顶红色尖顶帽而得名。女帽像一个金字塔，由红色尖顶和圆形底座两部分构成，红色尖顶部分是小、长、直、瘦瘦高高的三角形，底座较宽，是平顶帽的形状，左右两端的耳后处都有开口连接防风绳，防风绳是金色，佩戴时打的绳结位于右腮处

165

图片	名称	阐述
来宾市金秀瑶族自治县瑶族博物馆藏	云南马关瑶女帽	云南马关瑶女帽的帽后有红色布块做披风，帽身是一个用花布围成的圆形头箍，头箍上均匀地分布着红色绒球，红色绒球之间的间隙处及底部边缘是银质的宝剑装饰。底部的银宝剑装饰长度较长，体积较小，绒球之间的宝剑装饰体积较大，长度比底部短
来宾市金秀瑶族自治县瑶族博物馆藏	全州县东山瑶女帽	全州东山瑶女性以哈喜做帽，且没有缠头。哈喜从头前朝脑后围，在脑后位置打结，打结后的哈喜两末端由织锦组成，织锦上有红、白、绿三色的条纹及布块装饰。分别处于佩戴者脖颈的左、右两边，帽身无任何银饰、图纹装饰，颜色一般与上衣门襟颜色对应
来宾市金秀瑶族自治县瑶族博物馆藏	凤山县金牙瑶女帽	凤山县金牙瑶女帽的材质在灯光照耀下会散发柔和的光芒，手感顺滑，构造简单，是一块长度适中，宽度与额头的宽度近似的腰带，腰带的两边有黄色丝线编织的图案装饰，两个末端有五个黄色挂缀，挂缀上部是简单的黄纱线，下部形似女性散开的裙摆
来宾市金秀瑶族自治县瑶族博物馆藏	坳瑶女帽	坳瑶女帽的帽顶是由木头削制而来的上小下大的梯形坨块，帽子的底部是一块黑布，右前额处有白色银片对折点缀，中间有一根细长的红色棉线围在上面
来宾市金秀瑶族自治县瑶族博物馆藏	宜章县瑶族女帽	宜章瑶族女帽外面是她们在日常生活中使用的腰带，里面是用黑布围成的帽子。腰带在额前交叉后垂于左右两耳处，腰带末端有线穗，中间部分的花纹装饰有梧桐花纹、水纹、路纹、鸡冠花纹、山纹

图片	名称	阐述
 来宾市金秀瑶族自治县瑶族博物馆藏	富川县平地瑶女帽	富川县平地瑶女性日常生活所使用的帽饰是上覆条格纹的头帕，这种头帕为灰色，就算有灰尘或者脏东西黏附在上面，也不会影响整体的干净整洁，而且清洗起来十分便捷
 来宾市金秀瑶族自治县瑶族博物馆藏	尖头盘瑶女帽	尖头盘瑶的女帽形似犀牛角，帽顶是黑色，有尖角，帽身由多块橙色织锦构成，橙色织锦上有白色的珠串装饰，珠串分两列从织锦的一个末端起头，一直延伸到另一末端，除此之外，每块织锦的末端都缀有紫色的线穗，线穗的头部有白色纱线缠绕在上面
 来宾市金秀瑶族自治县瑶族博物馆藏	巴马县布努瑶女帽	巴马县布努瑶女帽通体是黑色，只有帽尾处的流苏是彩色，有黄色、绿色、红色三种颜色，由多层黑布帕围成，围时从额前往脑后围，在脑后打结，第二层布帕的起始位置比第一层稍高，依次类推，最后每层布帕的边缘都清晰可见。围布帕的力度不能太大，头部在帽中要有一定的活动空间
 来宾市金秀瑶族自治县瑶族博物馆藏	巴马县蓝靛瑶女帽	由于蓝靛瑶对蓝靛浆染技术比较了解，因此她们制作的服装面料的颜色多为黑色，头服也不例外。巴马县蓝靛瑶女帽以黑布缠头，整体都为黑色，色彩沉稳厚重，无线穗，也无图纹装饰，线条柔和。缠头的结余部分在右前肩处
 来宾市金秀瑶族自治县瑶族博物馆藏	广东乳源瑶族女帽	广东乳源瑶族女帽线条凌乱，色彩艳丽。最外层的方帕以红色为主，点缀着绿色、黄色等其他颜色，每个边缘都留有粗线穗，后边的线穗捆绑在一起，置于左耳处，往前垂，像一个姑娘的双辫，最里层是红色纱布。这种帽子无防风绳，因此材质比较柔软，方便贴合佩戴者头形，以防掉落

续表

图片	名称	阐述
来宾市金秀瑶族自治县瑶族博物馆藏	广东乳源过山瑶女帽	广东乳源过山瑶女帽是两座空山脉的组合，帽上的两个尖角相当于山脉的山峰，连接处的沟壑等于山脉接壤处的山谷。内部有支架，一块白布笼罩在支架上，帽前端有由彩珠连接各色圆片形成的挂缀，走动时会发出轻微的声响，帽上有一长条红布块和一串红色绒球横跨两个山峰，帽后有黑布折叠覆于上
来宾市金秀瑶族自治县瑶族博物馆藏	广西八步区东山瑶女帽	广西八步区的东山瑶女性头饰的外观特点是尖头垂直，有直冲云霄之势，以一根大拇指大小的木棍做骨架，多块花帕依据一定的规律层层缠绕在骨架上，缠绕层数最高可达37层。外层是长1米、两末端有挑花纹样、中间黑、红、白布条交错的织锦装饰。帽前挂有长短不一的铜钱挂缀，帽上的红、绿、黄相间的流苏装饰也长短不一。帽尖两侧各有一个两层的帽耳
来宾市金秀瑶族自治县瑶族博物馆藏	顶板瑶女帽	顶板瑶女帽的支架由六根竹片组成，其中，有三根竹片等长，用于固定中间撑起头帕的竹片，一根竹片的一个末端有分叉，还有两根竹片比较柔软，能够弯折成一定的弧度。三根等长的竹片平行排列，末端有分叉的竹片位于三根平行竹片的中央，两根能够弯曲的竹片则交叉成三角形。支架外面的花帕底布是黑色布块，边缘的包边依次是花纹、红色条纹、花纹、蓝色条纹。在戴这种支架撑起的帽子时，顶板瑶女性会先在头上缠一片边缘有紫色条纹的头巾
来宾市金秀瑶族自治县瑶族博物馆藏	广西兴安县过山瑶女帽	兴安县过山瑶女帽简洁明了，色彩成熟，由黑色布块对折在头部缠绕而成，额头处做结
来宾市金秀瑶族自治县瑶族博物馆藏	恭城县过山瑶女帽	恭城县过山瑶女帽有两层，第一层是厚厚的棕色布帕，第二层是黑色的布帽，黑色布帽做出帽型后用针线缝纫连接处定型。棕色布帕长50厘米，宽约20厘米，中心是黑、棕两色相间组成的方格，边缘处为纯棕色且有红、黄两色的线穗

图片	名称	阐述
来宾市金秀瑶族自治县瑶族博物馆藏	湖南江华过山瑶女帽	湖南江华过山瑶的女帽体积庞大，和广西八步区的过山瑶有明显区别，帽顶较平，无尖角。由支架和方形头帕两部分组成，支架的大体形状和梯形相似。方形头帕外面的四周是蓝色的包边，与上衣的衣领颜色一样，里层是一块大红布，大红布的边框又有其他纹饰
来宾市金秀瑶族自治县瑶族博物馆藏	湖南江永过山瑶女帽	湖南省江永县的过山瑶女帽内置梯形帽架，帽架的下端契合头围的大小。帽上的布帕有红色包边，还有黄色、红色、紫红色的条纹装饰，有些条纹上还绣有盛开的花朵的图案，布帕足够长，除了包裹头部的部分外，其他部分会在佩戴者的后背舒展开来，里布为黑色，额前布帕的边角处连接淡色防风绳
来宾市金秀瑶族自治县瑶族博物馆藏	江西全南瑶族女帽	江西全南瑶族女帽的帽上装饰是成串排列的红色绒球，帽的主体是五块重叠的布帕。最外层的布帕两端系有黄色头绳，有绿布包边装饰。里面的布帕正面则是红色包边装饰，侧面是白布包边。佩戴时，头绳在下巴处打结，重叠的布帕会因绳子的拉扯贴紧脸颊
来宾市金秀瑶族自治县瑶族博物馆藏	田林县尤绵女帽	田林县尤绵女帽是一个下窄上宽的圆形宝塔，也由多块头帕缠绕而成，每块头帕都在额前交叉，最外层是修满花纹的织锦，织锦的末端有红布条包边，还有各色路纹，中间部分的图纹是泡桐花纹、禾苗纹、水纹、山纹
来宾市金秀瑶族自治县瑶族博物馆藏	盘古瑶女帽	盘古瑶女性整理头饰时，先以黑布从脑后脖子处往前缠绕作底，将耳朵也一并包在黑布里面。外层是刺绣有多种图纹装饰的头帕，例如禾苗纹、树纹、水纹、路纹、栏杆纹等，都呈条状排列，且颜色各异，有白色、橙色、黑色、红色
来宾市金秀瑶族自治县瑶族博物馆藏	贵州荔波县长袍瑶女帽	荔波县的长袍瑶女帽就是当地妇女在平时生活中使用的腰带，这种腰带通体是黑色，但是两端有红、白两色的彩带和雪花状的花纹装饰。腰带缠头时，在头上从前往后绕一圈后，两末端从下往上穿过缠好的腰带作结，防止脱落

图片	名称	阐述
来宾市金秀瑶族自治县瑶族博物馆藏	广西八步区西山瑶女帽	广西八步区的西山瑶女帽是尖头帽，帽尖向后倾斜，因此又有人称它为"斜型尖头帽"。斜型尖头帽的帽檐有二十到三十层，装饰有数百串陶瓷黑白珠，制作方法有三种：第一种是以竹笋叶为骨架，用边缘有彩色吊缀的头布包裹住笋壳，形成尖顶状，再用红、黄等色的粗线带一层一层地系在帽檐上，粗线带底端的线穗垂落在后背和肩膀处，形成前面是开口、后面披有鲜艳彩穗的尖头帽；第二种是直接用若干布匹围出尖头帽的形状之后固定；第三种是在帽的顶端加一根棍子，然后把准备好的布匹有规律地缠绕在上面。之所以戴这种帽子，是寓意自己比老虎要更威猛，且戴着这种高高的帽子在山林行走，能吓走飞禽毒蛇，保护自身安全。戴帽前，头发上要抹大量农家猪油和蜂蜡，一是为了理顺头发，二是为了戴上帽后，能够将头发和帽子牢固地粘在一起，以确保刮风下雨或是弯腰干活时，帽子不会因为外界阻力移位或者掉落
来宾市金秀瑶族自治县瑶族博物馆藏	连南排瑶女帽	连南排瑶女帽的头顶是肉色布块制成的小坨块，样子像一座小山丘，小山丘的正中心贴有两个由扇形银片组成的蝴蝶状银片，帽的最里层是花布围成的里帽，里帽的两末端系有绑绳。银片的边缘垂有彩珠，里帽的边缘垂有红、黄、绿三色绒球
来宾市金秀瑶族自治县瑶族博物馆藏	连南过山瑶女帽	连南过山瑶的女帽是三角帽，制作时首先用竹片搭建帽子的雏形，然后用一幅白布围扎在帽子竹架的四周，用绳子固定，再用绣有花纹图案的红方帕从帽子的后面向前覆盖而成
来宾市金秀瑶族自治县瑶族博物馆藏	金秀县忠良乡岭祖村茶山瑶女帽	金秀岭祖村的茶山瑶女性头饰由头发辅助完成。在日常生活中，她们会先把所有的头发盘至头顶，然后拿一块蓝布覆盖在头上，蓝布的正中心对准盘发，然后拿绑带围绕着盘发捆扎蓝布，这样头顶的蓝布就会显示盘发发髻的形状。绑带的颜色一般比较素雅，蓝布的四周都有花边装饰

图片	名称	阐述
来宾市金秀瑶族自治县瑶族博物馆藏	金秀县长垌乡古占屯山子瑶女帽	金秀县的山子瑶女帽的帽檐是7块大花帕的重叠，花帕的左右两边都留有一定长度的布穗，层次感极强。帽顶的颜色依次是红色、黑色，在帽尖处还有若干紫红色纱线缠在上面。挂在下巴下方的帽绳则与帽的最里层连接，帽绳设计得比较长，能让佩戴者感觉到更宽松、更舒适
来宾市金秀瑶族自治县瑶族博物馆藏	防城港市防城区花头瑶女帽	防城港市防城区花头瑶女帽的主体色彩是鲜艳的紫红色，帽顶覆盖着一小块方形布帕，布帕的周边是白色，中心有红色图纹。帽底部的线穗装饰也是紫红色，耳后有两股紫红色线头垂下，一股长至大腿，另一股长至腰
贺州市八步区李素芳工作室藏	防城港市防城区大板瑶女帽	防城港市防城区大板瑶女性头服视觉造型豪放，是典型的立方块式，这是大板瑶的专属头服，她们把自己看作是凶猛彪悍的麒麟和狮子的后代。立方块式的帽饰由长方体顶板和有红点的白色盖头两部分组成，长方体顶板的高度约33厘米，是由数块大红布折叠堆积而成，可逐层堆积，最多可堆积到120层，最少是80层，层数堆积得越高就越显气派，帽子最后的整体呈现梯形方块状。这种帽饰在材料的数量和色泽上有严格要求。在色彩上，它要求覆盖在顶板表面和盖头的红布颜色有较亮的亮度和较高的明度，因为红色对妇女的气色具有衬托作用，越红越能表现妇女的气色；在数量上，它要求顶板的高度在不影响佩戴的稳固性的前提下，越高越好。一般情况下，帽子的高度是30~33厘米
贺州市八步区李素芳工作室藏	隆回花瑶女帽	大圆盘帽的制作耗时不多，一般只需要半个小时，由两人搭档合作即可，但佩戴时却费时费力。一方面，需要在母亲或姊妹连续几个小时的帮助下才能佩戴成功；另一方面，大圆盘帽在佩戴过程中高度讲究缠绕编织技巧，如果缠绕或者编织出现错误就会导致帽饰散落，造成佩戴失败，在此之前所有的努力都会白费。由于老式的大圆盘帽佩戴耗时耗力，并且体积大、重量沉，不便于劳作，因此后人对其进行了改良。在保留其优点的同时，修正了大圆盘帽的缺点。经过修正的大圆盘帽佩戴起来更加轻便，整体造型看起来也更加美观大方，更重要的是，改良后的大圆盘帽与瑶族女性的生产生活更加适用，在劳动时可以不必再在他人的帮助下佩戴、摘取，更适合瑶族女性的生活环境，改良后的大圆盘帽一直流传至今，被大范围使用

图片	名称	阐述
来宾市金秀瑶族自治县瑶族博物馆藏	青瑶女帽	青瑶女帽简洁，极具男性特色，无帽顶，由青布制成帽圈，帽圈后面插有两个芭蕉扇形状的银片，银片的位置不能太低，从帽前要能看到。青瑶这种形态的女性帽饰与她们擅长狩猎的生活习性息息相关，看上去十分清爽干练
来宾市金秀瑶族自治县瑶族博物馆藏	青裤瑶女帽	青裤瑶女帽是标准的半圆形，无包边、无线穗、无图纹，唯一的装饰是若干条银链，每条银链的末端都有一个星星形状的立方体
来宾市金秀瑶族自治县瑶族博物馆藏	龙胜瑶族女盛装帽	龙胜瑶族女性盛装时的帽饰形似帆船，里面有一个船形支架，船头和船尾点缀着一小块短短的红色布条。围拢在支架外面的是条纹彩布，帽口为圆形，挂有吊缀，吊缀一半为黄色，另一半为白色。浓密的红土线径直垂下直至胸前
贺州市八步区李素芳工作室藏	白裤瑶女帽	白裤瑶女帽有两种，一种比较简单，由黑色的土布制成，帽上无装饰，脑后打结。另一种小巧美观，帽上有韩湘子、吕洞宾、汉钟离、何仙姑、张果老、铁拐李、蓝采和、曹国舅八仙的银像，底边由蓝布包边，正中心位置有橙色丝线绣制的图案
贺州市八步区李素芳工作室藏	重帕瑶女帽	重帕瑶得名于女子头饰的帽子由一层层的花帕重叠而成，花帕上有两个小孔的一面为重帕瑶女帽的正面，红线条流苏从小孔穿过，红线条的中间部分串有黑、白两色的陶瓷珠，花帕上的装饰是五彩带。覆盖在头上的花帕数可根据出席场合的不同变换

图片	名称	阐述
 贺州市八步区李素芳工作室藏	土瑶女帽	制作土瑶女帽的材质有三种：泡桐树皮、竹皮、竹板。使用这三种材料制成帽子的雏形后，有的还会用染料上色。帽上会覆盖瑶家人自己织的毛巾和彩色线条流苏。毛巾长1.2米，有的绣有女书。彩色流苏长短交错，自然下垂，最长的有110米，帽前的流苏较短
 贺州市八步区李素芳工作室藏	广西金秀县瑶族女帽	广西金秀县的瑶族女帽是平头帽，帽顶是平的，无突起，用绣花帕带围出基本帽形，围绣花帕时，绣花帕的两端在正前方交叉，然后将一块长方形的头帕盖在上面。在长方形头帕四周均留有彩色丝线构成的彩缀。古时的平头帽以桐木为帽子的骨架，然后用白布紧紧缠绕在桐木骨架上，下扣帽圈，帽顶盖有一块棕色大花布材质的方形盖布

附表3　男帽

图片	名称	阐述
 来宾市金秀瑶族自治县瑶族博物馆藏	云南金平沙瑶男帽	金平沙瑶男帽造型简单，树皮围成的瓜皮帽做骨架，然后拿一块宽度接近瓜皮帽横截面的黑布围在外面做外衣，黑布的多余部分在脑后打结做装饰，左前额位置有金色丝线的刺绣，左上方留有犄角
 贺州市八步区李素芳工作室藏	白裤瑶男帽	白裤瑶男帽里面是白色小型圆顶帽，外佩黑色腰带做成的帽圈，腰带的两末端用针线连接

图片	名称	阐述
 贺州市八步区李素芳工作室藏	土瑶男帽	土瑶男帽是自家妇女手工编织的白毛巾，上有彩色条纹装饰，有的无条纹，但有女书刺绣装饰
 来宾市金秀瑶族自治县瑶族博物馆藏	金秀县 金秀镇 金秀村茶山瑶男帽	金秀村茶山瑶男帽的帽顶插有五根短银条，帽子整体由一根长腰带缠绕数圈而成，腰带的两端连接一小块织锦，织锦上有雪花纹、山纹等多种图纹。腰带的末端垂至人体太阳穴处
 来宾市金秀瑶族自治县瑶族博物馆藏	云南勐腊瑶族男帽	云南勐腊瑶族男帽也由当地男子佩戴的腰带缠叠而成，从腰带的一末端起头开始缠绕，当缠绕到一定长度时，就把另一末端塞进缠绕形成的夹层中固定。腰带的末端有白、黄、紫三色图纹
 来宾市金秀瑶族自治县瑶族博物馆藏	白头盘瑶男帽	白头盘瑶男帽的帽头为黑色，女帽则为白色，帽底部的边缘镶有红色绸带，上覆多行金色丝线，在灯光照耀下会散发一定的光芒，底部的装饰也与上衣的衣领和门襟相映衬
 来宾市金秀瑶族自治县瑶族博物馆藏	红头盘瑶男帽	红头盘瑶男帽是长花带一层层缠绕而形成的大圆盘平顶帽，里帽为黑色，底部的帽缘比较坚硬，宽度较厚。花带的一端连接红色流苏，另一端连接线穗。连接红色流苏的一端在缠绕完成后一般位于右侧，垂至右胸前

图片	名称	阐述
 来宾市金秀瑶族自治县瑶族博物馆藏	连南过山瑶男帽	连南过山瑶男帽的帽缘低矮，无针线做结，无图纹装饰，和瑶族大多数男性的帽饰一样，由腰带缠成，腰带上的彩色条纹被置于帽的偏中心位置
 来宾市金秀瑶族自治县瑶族博物馆藏	金秀县六巷乡花蓝瑶男帽	六巷乡花蓝瑶男帽是当地女性为其自织的织锦，可作腰带，也可作帽，作帽时，织锦的中间段位于额前，末端在帽后交叉
 来宾市金秀瑶族自治县瑶族博物馆藏	金秀县长垌乡古占屯山子瑶男帽	古占屯山子瑶男帽内部空间较小，只能容纳头顶的一小部分，由方布折叠在头部盘绕而成，盘绕时方布在额前交叉，方布上下边均有红布包边，两端分布若干短小的黄、红色流苏
 来宾市金秀瑶族自治县瑶族博物馆藏	青瑶男帽	青瑶男帽的造型比女帽复杂，里面是一顶黑色小圆帽，外面镶有一段和头围吻合的织锦，织锦的两端均有线穗，两端线穗在帽的右太阳穴处合而为一
 来宾市金秀瑶族自治县瑶族博物馆藏	坳瑶男帽	坳瑶男帽布料为黑色，薄、透，似轻纱，底部缝有一块白色长条布，长条布的正中心有黄、紫、红三色毛线构造的龙纹图形，长条布的两末端在末尾交叉打结形成男帽的尾饰

内 容 提 要

本书通过对南岭走廊瑶族服饰文化进行系统性的研究和整理，揭示了瑶族服饰文化的独特魅力和文化价值，并探讨了其在现代社会的应用和发展前景。作者采用了文献资料法、实地调查法等多种研究方法，不仅收集了大量的文献资料，还进行了深入的实地调查，获得了第一手的数据和资料。本书的研究成果不仅有助于保护和传承瑶族服饰文化这一珍贵的文化遗产，同时也有助于弘扬中华民族文化的多样性和自信心。

全书图文并茂，内容翔实丰富，图片精美，针对性强，具有较高的学习和研究价值，不仅适合高等院校服装专业师生学习，也可供服装从业人员、研究者参考使用。

图书在版编目（CIP）数据

族群记忆：南岭走廊瑶族服饰文化承续与发展 / 叶芳羽著 . -- 北京：中国纺织出版社有限公司，2024.1
（中国传统服饰文化系列 . 中国少数民族服饰卷）
ISBN 978-7-5229-0964-6

Ⅰ . ①族…　Ⅱ . ①叶…　Ⅲ . ①瑶族—民族服饰—服饰文化—研究—中国　Ⅳ . ① TS941.742.851

中国国家版本馆 CIP 数据核字（2024）第 003860 号

责任编辑：李春奕　刘广菊　　责任校对：高　涵
责任印制：王艳丽

中国纺织出版社有限公司出版发行
地址：北京市朝阳区百子湾东里 A407 号楼　邮政编码：100124
销售电话：010—67004422　传真：010—87155801
http://www.c-textilep.com
中国纺织出版社天猫旗舰店
官方微博 http://weibo.com/2119887771
北京华联印刷有限公司印刷　各地新华书店经销
2024 年 1 月第 1 版第 1 次印刷
开本：787×1092　1/16　印张：11.5
字数：200 千字　定价：88.00 元